SAMMLUNG GÖSCHEN BAND 1140

# Induktionsmaschinen

Von

**Dr. techn. Franz Unger**

em. o. Professor an der Technischen Hochschule
Braunschweig

Mit 49 Abbildungen

Zweite, erweiterte Auflage

Walter de Gruyter & Co.

vormals G. J. Göschen'sche Verlagshandlung · J. Guttentag, Verlagsbuchhandlung · Georg Reimer · Karl J. Trübner · Veit & Comp.

Berlin 1954

Archiv-Nr. 11 11 40
Druck von Otto v. Holten, Berlin W 35
Printed in Germany

# Inhalt

## Schrifttum


1. G. Ferraris, Rotazione elettrodinamiche. A. d. R. A. d. s. d. Torino, Bd. XXIII, 1888, S. 360.
2. N. Tesla, Untersuchungen über Mehrphasenströme. Wilh. Knapp, Halle 1895.
3. M. v. Dolivo-Dobrovolski, Kraftübertragung mittels Wechselströmen von verschiedener Phase (Drehstrom). ETZ. Bd. 12, 1891, S. 149.
4. C. E. L. Brown, 20-pferdiger Dreiphasen-Wechselstrommotor. ETZ. Bd. 12, 1891, S. 657.
5. R. Richter, Lehrbuch der Wicklungen elektrischer Maschinen. G. Braun, Karlsruhe 1952.
6. M. Kloss, Die Berechnung des Magnetisierungsstromes von Drehstrommotoren. E. u. M. Bd. 28, 1910, S. 857.
7. T. Blomqvist, Die Eisensättigung in Drehstrommotoren. ETZ. Bd. 44, 1923, S. 546.
8. W. Mellenthin, Beiträge zur Berechnung des Magnetisierungsstromes von Dreiphaseninduktionsmotoren. Dissertation Braunschweig, 1928.
9. T. C. Bailly, Diagramm für den Korrektionsfaktor des Luftspaltes gezahnter Anker. The Electrician, Bd. 62, 1909, S. 494. ETZ, Bd. 30, 1909, S. 642.
10. F. Unger, Die Streuung einer trapezförmigen Nut. A. f. E. Bd. XVII, 1927, S. 467. ETZ, Bd. 48, 1927, S. 1229.
11. M. Kloß, Die Berechnung der Stirnstreuung in Drehstrommotoren. E. u. M. Bd. 28, 1910, S. 53.
12. K. Pichelmayer, Dynamobau. S. Hirzel, Leipzig, 1908, S. 164.
13. R. Richter, Elektrische Maschinen, Bd. 1. Jul. Springer, Berlin 1924, S. 278.
14. W. Rogowski, Zur Streuung des Drehstrommotors. ETZ, Bd. 31, 1910, S. 1292.
15. K. Metzler, Brief an die Schriftleitung der E. u. M. E. u. M., Bd. 37, 1919, S. 351.

16. G. Ossanna, Starkstromtechnik von Rziha u. Seidener, W. Ernst u. Sohn, Berlin, 2. Aufl. 1912, S. 545.

17. L. Dreyfus, Über die doppeltverkettete Streuung von Drehstrommotoren mit dreiphasigem Läufer. E. u. M. Bd. 37, 1919, S. 149

18. L. Dreyfus, Der Einfluß der Schrägstellung der Ankernuten auf die Streuung von Asynchronmaschinen. A. f. E. Bd. XXVI, 1932, S. 875.

19. A. Heyland, Die graphische Theorie der Mehrphasenmotoren. ETZ. Bd. 16, 1895, S. 649, 697, 823.

20. A. Heyland, Zur graphischen Behandlung der Mehrphasenmotoren, ETZ, Bd. 17, 1896, S. 138.

21. G. Ossanna, Theorie des Drehstrommotors, E. u. M. Bd. 17, 1899, S. 223.

22. G. Ossanna, Starkstromtechnik von Rziha u. Seidener. W. Ernst u. Sohn, Berlin, 6. Aufl. 1922, Bd. 1, S. 330.

23. I. L. la Cour, E. Arnold, Die Wechselstromtechnik, Bd. V/1 Die Induktionsmaschinen. Jul. Springer, Berlin, 1909.

24. R. Richter, Elektrische Maschinen, Bd. 4. Jul. Springer, Berlin, 1936.

25. A. Fränkel, Theorie der Wechselströme, 2. Aufl. Jul. Springer, Berlin, 1921.

26. H. Hemmeter, Eine neue einfache Konstruktion des genauen Kreisdiagrammes für den allgemeinen Transformator. A. f. E., XVIII. 1927, S. 29.

27. W. Krämer, Das einfachste Kreisdiagramm des Asynchronmotors. E. u. M. Bd. 45, 1931, S. 41.

28. F. Unger, Ein einfaches Kreisdiagramm für den doppelt erregten magnetischen Kreis. E. u. M. Bd. 57, 1939, S. 353.

29. M. Kloß, Drehmoment und Schlüpfung, A. f. E. Bd. V, 1916, S. 59.

30. F. Unger, Die Arbeitskurven neuzeitlicher Induktionsmaschinen. E. u. M., Bd. 48, 1930, S. 745.

31. H. Fritze, Über die Geräuschbildung bei elektrischen Maschinen. A. f. E. Bd. X, 1922, S. 73.

32. H. Möller, Über die Drehmomente beim Anlauf von Drehstrommotoren mit Käfigankern. A. f. E. Bd. XXIV, 1930, S. 401.

33. H. Jordan, Der geräuscharme Elektromotor. W. Girardet, Essen 1950.
34. H. Jordan, Akustische Entstörung von polumschaltbaren Motoren, ETZ., Bd. 73, 1952, S. 3.
35. T. Schmitz, Der Anlauf des Einphasenmotors mit Betriebskondensator. ETZ., Bd. 59, 1938, S. 1401.
36. F. Punga u. L. Schön, Der neue kollektorlose Einphasenmotor der Fma. Krupp. ETZ., Bd. 47, 1926, S. 842.
37. A. B. Field, Wirbelströme in Ankerwicklungen. Proc. A. I. E. E 1905, S. 619; ETZ., Bd. 26, 1905, S. 1038.
38. W. Rogowski, Wirbelströme in Ankernuten. A. f. E. Bd. II, 1913, S. 81.
39. F. Emde, Einseitige Stromverdrängung in Ankernuten. E. u. M. Bd. 26, 1908, S. 703.
40. A. Brüser, Die Stromgleichungen des Dreiphasen-Doppelkäfigmotors mit beliebigen Leiterzahlen der Wicklungen. A. f. E. Bd. XXI, 1928, S. 289.
41. R. Baffrey, Der Doppelkäfigankermotor. E. u. M. Bd. 46, 1928, S. 749.
42. F. Unger, Ein einfaches Verfahren zur Berechnung von Doppelnutmotoren. E. u. M. Bd. 58, 1940, S. 11.
43. H. Jordan, Nutenzahlregeln und ihr Zusammenhang mit dem magnetischen Geräusch von Asynchronmotoren, ETZ., Bd. 74, 1953, S. 636.

# I. Einleitung

Die asynchrone Induktionsmaschine oder — wie sie meist genannt wird — der Drehstrommotor ist kaum über 60 Jahre alt und damit eine der jüngsten elektrischen Maschinen. Da sie aber heute weitaus die größte Verbreitung unter allen elektrischen Maschinen erreicht hat und als Motor immer mehr alle anderen Motoren verdrängt, ist sie nebst den synchronen Wechselstromgeneratoren die wichtigste elektrische Maschine geworden.

Die Erfindung der Induktionsmaschine fällt mit der Entdeckung des magnetischen Drehfeldes zusammen, ja, man kann sagen, sie ergab sich selbstverständlich aus den Betrachtungen über das Drehfeld. Das beweisen die Arbeiten von Ferraris (1) seit 1885 und Tesla (2) seit 1886. Beide Gelehrte haben unabhängig voneinander Untersuchungen über magnetische Drehfelder angestellt und sind ebenfalls unabhängig voneinander zur fast gleichzeitigen Erfindung der Drehfeld-Induktionsmaschine gelangt. Vom geschichtlichen Standpunkt aus ist es dabei unwesentlich, daß die Patentanmeldung von Tesla 1886 zeitlich den Vorrang hat. Wesentlich ist höchstens, daß zuerst Ferraris mit dreiphasigen Drehfeldern arbeitete.

Der große Schritt in die Praxis gelang erst um 1890 Brown (4) und von Dolivo-Dobrowolski (3), Konstrukteuren mit hervorragender technischer Gestaltungskraft und feinem Gefühl für die praktischen Notwendigkeiten. So gelang die Entwicklung der ersten Schleifringmotoren, wie sie bereits 1891 für die erste Drehstrom-Kraftübertragung Lauffen—Frankfurt a. M. verwendet worden sind. Der Käfigläufer wurde bereits 1889 durch Bradley erfunden, seine Bedeutung zeigt sich erst voll in der neuesten Zeit, denn in vielen Fällen verdrängt heute bereits der Kurzschlußmotor den Schleifringmotor, nachdem beim Schleifringmotor die Kurzschluß- und Bürstenabhebevorrichtung schon meist verschwunden ist; und es scheint fast, als ob die Zeit nicht mehr fern sein, in der es fast ausschließlich Kurzschlußmotoren geben wird.

Die Erfindung der Einphasen-Induktionsmaschine kam kurz nach der Erfindung der Mehrphasen-Induktionsmaschine anscheinend zufällig, als Störungen an einem Drehstrommotor auftraten. Seit der Vervollkommnung der Starkstromkondensatoren hat der Einphasen-Induktionsmotor für Kleinanlagen an Bedeutung gewonnen, weil man ihn mit Kondensator und Hilfsphase nicht nur leicht anlassen, sondern auch mit gutem Leistungsfaktor und großem Drehmoment betreiben kann.

## II. Beschreibung

Die Induktionsmaschine besteht aus einem mehrphasig bewickelten, aus genuteten Eisenblechen aufgebauten, feststehenden Teil (Ständer) und einem ebenfalls aus Eisenblechen aufgebauten, genuteten, mehrphasig (meist dreiphasig oder vielphasig) bewickelten umlaufenden Teil (Läufer). Ständer- und Läufernutenzahl sind verschieden.

In Abb. 1 ist das grundsätzliche Schaltbild einer solchen vierpoligen Anordnung dargestellt. Der Ständer trägt drei Wicklungen, deren Achsen gegeneinander räumlich um je 60°, „elektrisch" um je 120° versetzt sind. In jeder Nut muß man sich mehrere Leiter denken, welche in Reihe geschaltet sind, so daß die Spulenköpfe vor und hinter der Bildebene dieselbe Form und Lage haben. Jeder Wickelkopf enthält ebensoviele Leiter, wie in einer Spule liegen. Im vorliegenden Falle ist die Ständerwicklung eine Dreilochwicklung, d. h. jede Spule ist in drei Nuten verteilt. Die Spulen gleicher Phase sind in Reihe geschaltet, die Wicklungsstränge der einzelnen Phasen können in $\curlywedge$ oder $\triangle$ geschaltet werden, in beiden Schaltungen bedeuten $U$ $V$ $W$ die drei freien Enden der Wicklung, welche an ein Dreiphasennetz angeschlossen werden können. In Abb. 1 ist jeder der drei Wicklungsstränge unter jedem Pol in drei Nuten untergebracht, folglich sind insgesamt $3 \cdot 4 \cdot 3 = 36$ Nuten im Ständer vorhanden. Der Läufer ist in Abb. 1 mit einer dreiphasigen Zweilochwicklung versehen, deren Enden an je einen Schleifring geführt sind. Von den Schleifringen wird der Strom über Bürsten zu drei gleichen Regelwider-

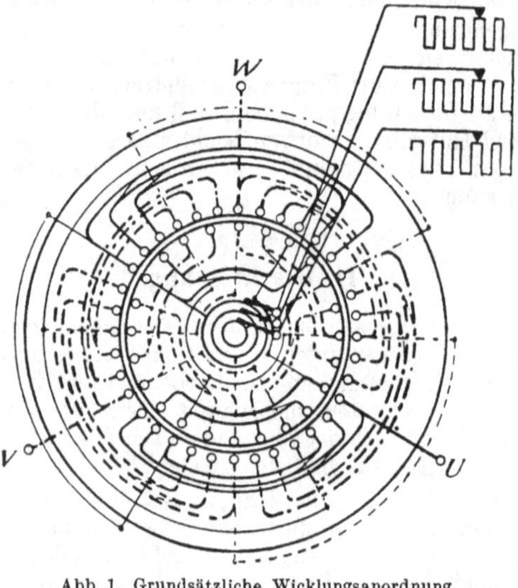


Abb. 1. Grundsätzliche Wicklungsanordnung einer Dreiphasen-Induktionsmaschine mit Schleifringläufer.

ständen geführt, deren Enden miteinander verbunden sind. Wie man später sehen wird, ist die gezeichnete Stellung der Widerstände eine Anlaß- oder Regulierstellung. Gleiche Nutenzahl im Ständer und Läufer verursacht starke Oberwellen und ruckartige Drehmomentstöße, darum muß man in Ständer und Läufer aus Gründen eines einwandfreien Betriebes stets verschiedene Nutenzahlen wählen.

## 1. Allgemeiner Aufbau

In Abb. 2 ist der Schnitt durch einen vollständig geschlossenen oberflächengekühlten Schleifringmotor mit Kurzschluß-

und Bürstenabhebevorrichtung Type DAM der Allgemeinen Elektricitätsgesellschaft Berlin dargestellt. Der Ständer ist mit einer Zweischicht-Spulenwicklung mit gleichen Spulenköpfen, der Läufer mit einer Zweischicht-Stabwicklung mit gleichen Spulenköpfen (siehe Abschnitt Wicklungen) bewickelt. Ständer- und Läufereisen sind aus genuteten Blechen aufgebaut, die durch kräftige eiserne Preßplatten mit einem Druck von etwa 8 at. zu festen Blechpakten zusammengepreßt sind. Die Läuferwicklung ist durch Wicklungsträger gestützt und durch Bandagen gegen Fliehkraft gesichert. Auch die Ständerwicklung ist durch besondere Preßstücke aus Isolierstoff gegen das Gehäuse abgestützt. Das im vorliegenden Falle vollständig gegen Außenluft abgeschlossene geschweißte Gehäuse ist mit Kühlrippen versehen und trägt oben einen aus Blech hergestellten Kühler, durch welchen ein innerhalb des Gehäuses am Läufer befestigter Lüfter die warme Maschinenluft hindurchtreibt. Ein zweiter, außerhalb des Ge-

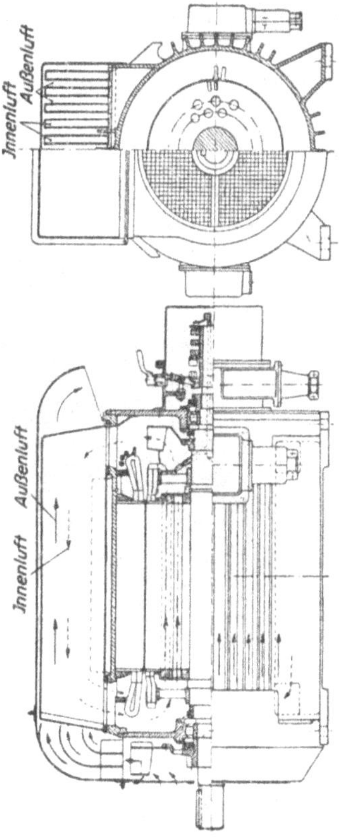


Abb. 2. Schnitt durch einen außen belüfteten Schleifringmotor der Allgemeinen Elektricitätsgesellschaft, Berlin

häuses ebenfalls am Läufer angebrachter Lüfter bläst kalte Außenluft in Gegenstrom durch den Kühler und über die Kühlrippen des Gehäuses. Der Läufer ist in Rollenlagern gelagert, der Schleifringkörper liegt außerhalb des Gehäuses und ist besonders gekapselt. An dieser Kapselung ist die Kurzschluß- und Bürstenabhebevorrichtung befestigt, von der man nur den Handgriff mit Achse und Kurbel, den Stellhebel, die mit Ringnut versehene Stellmuffe mit den Kontaktfingern und die am Schleifringkörper befestigten, mit je einem Schleifring leitend verbundenen Kurzschließerkontakte sieht.

Abb. 3. Schnitt durch einen innen belüfteten Kurzschlußmotor der Siemens-Schuckertwerke A.-G., Berlin.

In Abb. 3 ist das Schnittmodell eines mit Durchzug belüfteten, geschützten Kurzschlußmotors Schutzart P 21 (DIN/VDE 50) Type R 55 s der Siemens-Schuckertwerke A.-G. Berlin mit Stromdämpfungsläufer dargestellt. Die Maschine hat Gußeisengehäuse und -Lagerschilde, der Läufer liegt in Wälzlagern und trägt links einen Lüfter, welcher die linken Wickelköpfe und den Raum zwischen Gehäuse und Ständerblechpaket mit Kühlluft beschickt, während der rechte, kleinere Lüfter nur zur Lüftung der rechten Wickelköpfe dient. Die Läuferwicklung ist ein Kurzschlußkäfig, die Ständerwicklung eine Zweischichtwicklung mit gleichen Spulenköpfen.

## 2. Wicklungen

Die Mehrphasenwicklungen bestehen in der Regel aus so vielen Wicklungssträngen, wie Phasen vorhanden sind. Will man Wicklungsgruppen parallel schalten, so wickelt man jeden Strang aus zwei oder drei parallelen Leitern (Runddrähten). Nur in seltenen Fällen und bei besonderen Schaltungsanordnungen (z. B. Polumschaltung) wickelt man die einzelnen Spulen für sich und schaltet sie über eine besondere Schaltvorrichtung in Gruppen parallel oder in Reihe. Meist liegen viele Drähte in einer Nut (Drahtwicklung), nur bei Läuferwicklungen und in Ständern großer Motoren werden Wicklungen mit einem oder zwei Leitern je Nut (Stabwicklungen) ausgeführt. Bei Drahtwicklungen sind die Spulenköpfe auf beiden Stirnseiten des Blechpaketes gleich, stellt man sie schematisch dar, so braucht man im Bilde nur die Vorderseite zu zeichnen, weil sie die hinter der Bildebene liegende Seite vollständig überdeckt. Man stellt die Drahtwicklung der Einfachheit halber so dar, als ob in einer Nut nur ein Leiter wäre, auch läßt man im Wicklungsschema die Verbindungen von Nut zu Nut und von Spule zu Spule meist weg.

In Abb. 4 sind die bei Induktionsmaschinen häufigsten Phasenwicklungen in abgewickelter Form, also so dargestellt, als ob der Maschinendurchmesser unendlich wäre. 4a zeigt eine dreiphasige Zweiebenenwicklung, deren Wickelköpfe abwechselnd je fast axial aus den Nuten herausgebogen (die kürzeren Verbindungen) und je stark nach dem Kranzeisen zu abgebogen werden (die längeren Verbindungen in der Abb.). Mit $U\ X$, $V\ Y$ und $W\ Z$ sind die Anfänge und Enden je eines Wicklungsstranges bezeichnet, mit $\tau_p$ die Polteilung, $g = 3$ ist die Anzahl Nuten je Pol und Phase. Jeder Phasenstrang besitzt je Polpaar eine Spule. Da in jeder Ebene die gleiche Anzahl Spulenköpfe liegen muß, so läßt sich eine solche dreiphasige Wicklung nur ausführen für $p =$ gerade. Für $p =$ ungerade muß ein Spulenkopf zur Hälfte in der einen, zur anderen Hälfte in der anderen Wicklungsebene liegen. 4b zeigt eine dreiphasige Zweiebenenwicklung mit $g = 2$ und $p =$ ungerade (z. B. sechspolige Maschine). Man sieht in Phase $v$ deutlich die gekröpfte Spule.

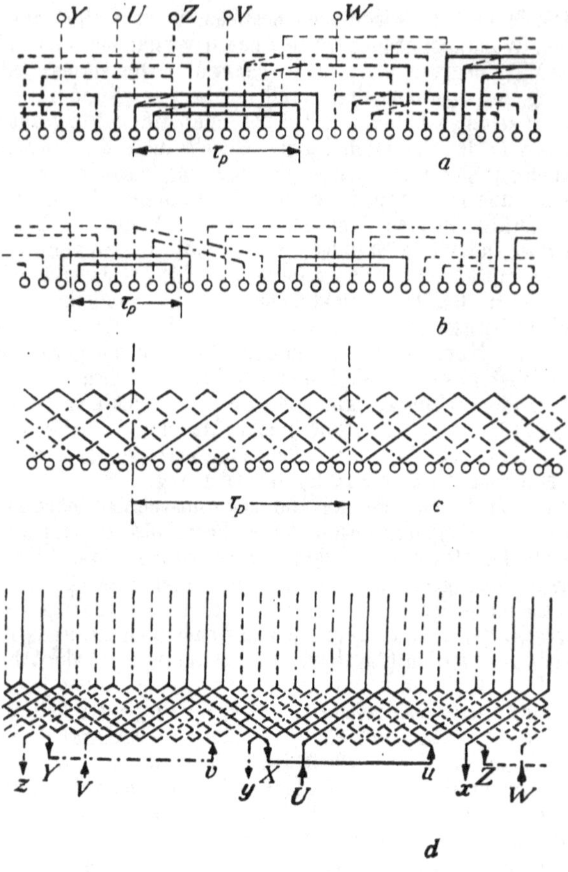


Abb. 4. Verschiedene Mehrphasenwicklungen

4 c zeigt eine einschichtige Dreiphasenwicklung mit gleichen Spulenköpfen (Spulen gleicher Weite) mit $g = 4$ und $p$ beliebig, wie man sie nur für $g =$ gerade ausführen kann. Denkt man sich die Leiter benachbarter Spulen gleicher Phase in eine Nut übereinander gelegt, so entsteht aus 4c eine zweischichtige Dreiphasenwicklung mit gleichen Spulenköpfen und $g = 2$. Letztere Wicklung läßt sich auch für $g =$ ungerade ausführen, sie wird in der neuesten Zeit besonders für mittlere und größere Motoren häufig verwendet.

4d zeigt eine zweischichtige dreiphasige Stabwicklung mit Spulen gleicher Weite und $g = 3$, wie sie für Läuferwicklungen bei mittleren und größeren Motoren häufig ausgeführt wird. In jeder Nut liegen zwei Leiter übereinander. Hier besteht jede Phase aus zwei Wicklungssträngen $UX$, $VY$, $WZ$, und $ux$, $vy$, $wz$, welche miteinander durch Verbindungsbügel $Xu$, $Yv$ und $Zw$ verbunden sind.

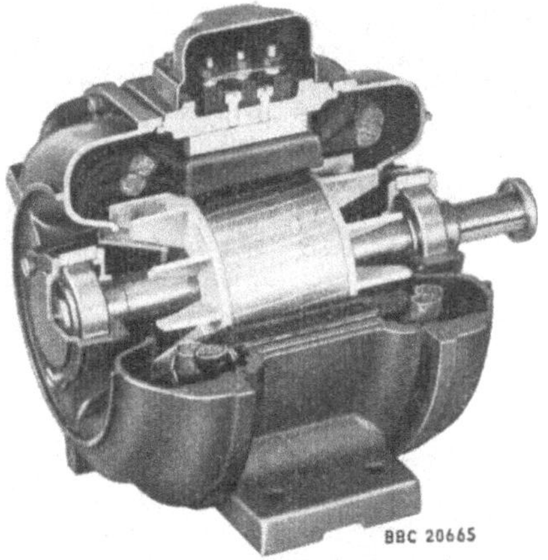


Abb. 5. Kurzschlußmotor (aufgeschnitten) mit gegossenem Aluminiumkäfig der Firma Brown, Boveri & Cie A. G. Mannheim

Abb. 5 stellt einen Kurzschlußmotor der Brown, Boveri & Cie. A.-G., Mannheim, dar, dessen Läufer mit einem aus Aluminium gegossenen Käfig mit angegossenen Lüftungsflügeln versehen ist. Diese Kurzschlußwicklung ist ein aus einer Anzahl Stäbe und zwei Kurzschlußringen bestehender, in sich völlig kurzgeschlossener Käfig, sie ist ganz allgemein soviel phasig, als Stäbe vorhanden sind, bei einer ganzen Anzahl Stäbe je Polpaar ebensoviel phasig, als Stäbe unter zwei Polteilungen liegen. Die Nuten sind gegen die Läuferachse geschrägt angeordnet, um Nutengeräusche zu vermeiden.

Abb. 6. Kurzschlußläufer mit gruppenweise zusammengefaßten, in den Kurzschlußring eingelöteten Stäben der Firma Brown, Boveri & Cie. A.-G., Mannheim

In Abb. 6 ist ein Kurzschlußläufer derselben Firma dargestellt, bei welchem stets drei Stäbe in eins zusammengefaßt und in eine Nut des Kurzschlußringes gemeinsam eingelötet werden.

Bruchlochwicklungen, die bei kleiner Nutenzahl je Pol und Phase zur Verbesserung der EMK-Kurve bzw. zur Unterdrückung der Oberwellen in Feld- und Flußverteilungskurve dienen, werden bei Induktionsmaschinen selten angewendet. Bei ihnen wie bei anderen hier nicht erwähnten Wicklungen sei auf die einschlägige Literatur (5) verwiesen.

## III. Wirkungsweise

Um die Wirkungsweise einer Mehrphasen-Induktionsmaschine richtig zu verstehen, muß man sich über magnetische Drehfelder und ihre Eigenschaften klar werden. Die Induktionsmaschine nennt man mit Recht einen Spannungstransformator mit Frequenzwandlung, weil durch einen Drehfluß, der sich aus mehreren Wechselflüssen zusammensetzt, in den einzelnen Spulen der Ständer- und Läuferwicklung wechselelektromotorische Kräfte induziert werden, deren Frequenz von der Relativdrehzahl bzw. Relativfrequenz zwischen Drehfluß und Wicklung bestimmt wird.

## 1. Drehfeld

Verbindet man in Abb. 1 die Klemmen $U\ V\ W$ der Ständerwicklung mit einem Drehstromnetz, dessen Phasenspannung $U_1$ und dessen Frequenz $f_1$ sei, so fließen in den drei Wicklungen des Ständers drei gegeneinander um 120° (elektrisch) phasenverschobene Ströme, entsprechend den drei ebenfalls um 120° phasenverschobenen Spannungen und den Scheinwiderständen der Wicklungen. Im ersten Augenblick des Einschaltens ist kein magnetischer Fluß in der Maschine vorhanden, er muß erst aufgebaut werden. Ist die Wechselspannung einer Phase im Einschalteaugenblick Null, so sucht sie in der ersten Halbperiode einen ihrer Kurvenform entsprechenden Fluß aufzubauen, dessen Höchstwert doppelt so hoch wird wie der Höchstwert im Beharrungszustande, was einer sehr hohen Eisensättigung entspricht. Dementsprechend fließt in der ersten Halbperiode ein Magnetisierungsstrom, der größer werden kann als der Kurzschlußstrom. Infolge des Widerstandes der Wicklung und der Induktivität des magnetischen Kreises klingt dieser Einschaltstromstoß in wenigen Halbperioden auf den Beharrungswert des Leerlaufstromes ab. Im Beharrungszustand stellt sich, unter der Voraussetzung, daß die Läuferwicklung offen sei, in jeder Phase ein Strom ganz bestimmter Größe: der Leerlaufstrom, ein, dessen Wirkkomponente: der Eisenverluststrom, zur Deckung der Ummagnetisierungsverluste (Eisenwärme) und dessen Blindkomponente: der Magnetisierungsstrom, zur Aufrechterhaltung (Erregung) des magnetischen Flusses dient.

Denkt man sich die Wicklung in sehr vielen Nuten je Pol und Phase ($g$ sehr groß) untergebracht und in jeder Nut $z$ Leiter in Reihe geschaltet, stellt man sich weiterhin den Ständer abgewickelt vor (d. h. aufgeschnitten und gerade gestreckt), so stellt Abb. 7 das von den Ständerströmen gemeinsam erregte Magnetfeld dar. In 7a ist der Augenblick betrachtet, in welchem der Magnetisierungsstrom $I_\mu$ des Stranges $U$ seinen Höchstwert hat, während die beiden anderen Stränge die halben negativen Höchstwerte führen. Aus dem Zusammenwirken

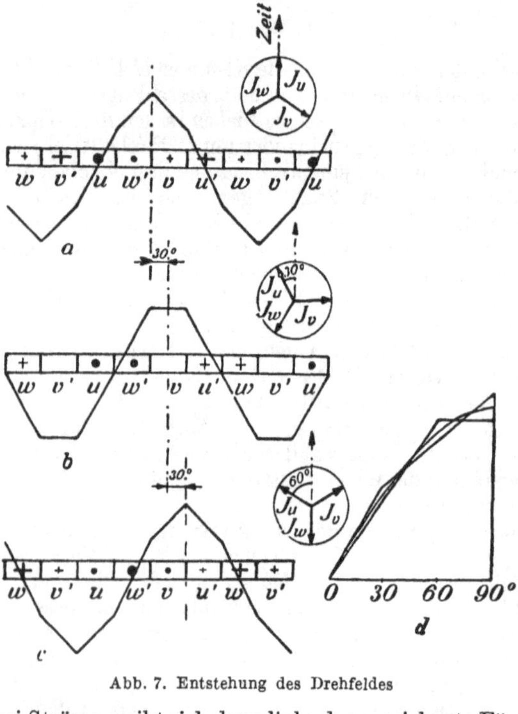


Abb. 7. Entstehung des Drehfeldes

der drei Ströme ergibt sich dann links das gezeichnete Fünfeck als resultierende MMK im magnetischen Kreise eines Polpaares. Eine einfache Rechnung ergibt die Größe dieser MMK mit $2 \cdot \sqrt{2} \cdot I_\mu \cdot g \cdot z$. Rechts sind die Vektoren der Ströme mit $\sqrt{2} \cdot I_\mu$ in ihrer Phasenlage zueinander dargestellt, dabei muß man sich die Zeitlinie feststehend von unten nach oben gerichtet und die Stromvektoren nach links umlaufend mit der Winkelgeschwindigkeit $\omega_1 = 2\pi f_1$ vorstellen. Die zu einer Phase ($^1/_3 \tau_p$) gehörige, gleichmäßig über diesen Raum verteilt gedachte Wicklung ist mit $U\,V\,W$ bzw. $U'\,V'\,W'$ bezeichnet. Ist $g$ klein, so wird aus dem glatt gezeichneten Polygon ein Treppendiagramm, dessen Verlauf jedoch der Form des Polygons folgt.

Betrachtet man die Ströme 30 Phasengrade später, d. h. dreht man die Stromvektoren um 30° nach links, so entsteht aus dem Zusammenwirken ihrer Augenblickswerte in den drei Phasen, d. h. der Projektion ihrer Vektoren auf die Zeitlinie, das in Abb. 7b links gezeichnete Trapez als resultierende MMK mit der Größe $\sqrt{3}\cdot\sqrt{2}\cdot I_\mu\cdot g\cdot z$. Die Achse dieses Trapezes ist gegen die Achse des Fünfeckes in 7a um 30° oder einfacher: um $^1/_6$ Polteilung nach rechts weitergerückt.

Dreht man die Stromvektoren wieder um 30° weiter, so ergibt ihre Projektion auf die Zeitlinie für $U$ und $V + {}^1/_2\cdot\sqrt{2}\cdot I_\mu$. für $W - \sqrt{2}\cdot I_\mu$. Das Zusammenwirken der drei Ströme in den drei Wicklungen ergibt also, wie man in 7c sieht, wieder ein Fünfeck als MMK mit der Größe $2\cdot\sqrt{2}\cdot I_\mu\cdot g\cdot z$, dessen Achse gegen 7b wieder um $^1/_6$ Polteilung weitergewandert ist.

Daraus folgt die Erkenntnis: Die MMK einer Dreiphasenwicklung läuft als eine zwischen einer Fünfeck- und einer Trapezform mit den Amplituden $2\cdot\sqrt{2}\cdot I_\mu\cdot g\cdot z$ bzw. $\sqrt{3}\cdot\sqrt{2}\cdot I_\mu\cdot g\cdot z$ schwankende Welle über die Polteilung mit einer Winkelgeschwindigkeit hinweg, welche gleich ist der Kreisfrequenz der Drehspannung- und der magnetisierenden Drehströme. Für eine zweipolige Maschine ($p = 1$) gilt:

$$\omega_1 = \frac{2\pi n_1}{60}, \tag{1}$$

wo $n_1$ die minutliche Drehzahl der MMK-Welle bedeutet. Für eine mehrpolige Maschine ($p > 1$), bei der die MMK-Welle nach obigem $p$ mal langsamer umläuft, erhält man die Drehzahl $n_1$ aus der Beziehung:

$$f_1 = \frac{p\cdot n_1}{60}. \tag{2}$$

Denkt man sich Fünfeck und Trepez übereinandergeschoben, zeichnet man also die beiden Polygone gleichachsig übereinander und zeichnet eine mittlere Kurve ein, deren Ordinaten ungefähre Mittelwerte aus den jeweiligen Ordinaten der beiden Polygone sind, so erhält man mit großer Annäherung eine Sinuskurve, wie in Abb. 7d dargestellt, deren (doppelte) Amplitude für $g = \infty$ den Wert

$$2 \cdot 0{,}933 \cdot \sqrt{2} \cdot I_\mu \, g \cdot z$$

und für $g = 3$ (Treppendiagramm) den Wert

$$2 \cdot 0{,}92 \cdot \sqrt{2} \cdot I_\mu \cdot g \cdot z$$

aufweist. Somit kann man sagen: das Drehfeld oder die MMK-Welle einer Mehrphasenwicklung läuft als Sinuswelle mit Synchrondrehzahl um. Man nennt das Produkt $0{,}933 \cdot \sqrt{2}$ bzw. $0{,}92 \sqrt{2}$ den Amperewindungsfaktor $k_a$. Eine vollständige Drehfeldwelle überdeckt zwei Polteilungen, ist $p > 1$, so laufen über die Ankerbohrung der Maschine verteilt soviele ineinander übergehende Drehfeldwellen weg, wie die Wicklung Polpaare besitzt.

Das Drehfeld erregt im magnetischen Kreise, d. h. über den magnetischen Weg: Luftspalt, Ständerzähne, Ständerkranz, Ständerzähne, Luftspalt, Läuferzähne, Läuferkranz, Läuferzähne einen mit Drehfeldgeschwindigkeit umlaufenden magnetischen Drehfluß. Dieser Drehfluß induziert in jeder Spule, über die er hinwegstreift, eine Wechsel-EMK. Da die Spulenachsen gegeneinander verschoben sind, müssen die EMKe der Spulen gegeneinander um entsprechende elektrische Winkel phasenverschoben sein. Man erhält also durch die Wirkung des Drehflusses in der Ständerwicklung Wechsel-EMKe, welche in den drei Wicklungssträngen gegeneinander um je 120° phasenverschoben sind. Beharrungszustand herrscht in der Wicklung, wenn diese EMKe den drei Netzspannungen so entgegenwirken, daß nur der Leerlaufstrom fließen kann. Aus Gl. (2) ist zu ersehen, daß das Drehfeld bei gegebener Netzfrequenz $f_1$ nur mit ganz bestimmten minutlichen Drehzahlen $n_1$ umlaufen kann, denn die Polpaarzahl $p$ muß ja eine ganze Zahl sein. Nachfolgend sind diese allein möglichen Synchrondrehzahlen für die drei in Deutschland genormten Frequenzen 50, 25 und $16^2/_3$ Hz zusammengestellt:

| Frequenz | | $p =$ 1 | 2 | 3 | 4 | 5 | 6 | 8 | 10 | 20 |
|---|---|---|---|---|---|---|---|---|---|---|
| 50 | $n_1 =$ | 3000 | 1500 | 1000 | 750 | 600 | 500 | 375 | 300 | 150 |
| 25 | $n_1 =$ | 1500 | 750 | 500 | 375 | 300 | 250 | 187,5 | 150 | |
| $16^2/_3$ | $n_1 =$ | 1000 | 500 | 333 | 250 | 200 | | | | |

Da die Induktionsmaschinen, wie später gezeigt wird, mit Drehzahlen umlaufen, welche nur wenig von $n_1$ verschieden sind, so stellen obige Zahlen ungefähr auch die durch die Normung der Frequenz bedingten wirklichen Drehzahlen dar. In Fällen, in denen höhere Drehzahlen gefordert werden, muß man bewußt von der Normung abweichen und eigene Netze für Frequenzen von 100 oder 150 Hz ausführen.

## 2. Eigenschaften

Durchsetzt ein Wechselfluß, der sich zeitlich nach einer Sinusfunktion mit der Frequenz $f$ ändert, eine Wicklung, so induziert er in ihr eine Wechsel-EMK gleicher Frequenz, die dem Fluß um 90° in der Phase nacheilt, d. h. sie erreicht ihren Höchstwert, wenn der Augenblickswert des Flusses eben auf Null abgeklungen ist usw. Es ist in bezug auf die elektromagnetische Induktion dasselbe, ob der Fluß in der Spulenachse sinusartig wechselt, oder ob er räumlich sinusförmig verteilt mit Synchrongeschwindigkeit über die Spule hinwegstreicht. Vernachlässigt man die Eisenwärme, also die Wirkkomponente des Leerlaufstromes, so bleibt nur der Magnetisierungsstrom in Phase mit dem von ihm erregten Fluß übrig. Das Zusammenwirken der drei in den drei Phasen der Drehstromwicklung fließenden Magnetisierungsströme ergibt die mit Synchrondrehzahl umlaufende Feldwelle, welche die mit ihr phasengleiche, ebenfalls mit Synchrondrehzahl umlaufende Flußwelle erregt. Die drei in den drei Wicklungssträngen induzierten EMKe kann man sich ebenfalls zu einer umlaufenden EMK-Welle zusammengesetzt denken, die räumlich der Feld- und Flußwelle um 90° nacheilt. Soll diese Dreh-EMK der Drehspannung des Netzes das Gleichgewicht halten, so muß sie zu ihr räumlich entgegengesetzt liegen und mit gleicher Geschwindigkeit umlaufen wie sie. Sie ist also gleich der umgeklappten (um 180° verschobenen) Drehspannungswelle. Geht man von der Netzspannung aus, so läuft die MMK-Welle hinter der Drehspannungswelle um 90° verschoben und die Dreh-EMK-Welle hinter der Drehfeld- bzw. Drehflußwelle wieder um 90° verschoben her.

In der offenen Läuferwicklung des ruhenden Läufers wird durch den mit der Synchrondrehzahl $n_1$ umlaufenden Drehfluß ebenso wie im Ständer eine Dreh-EMK induziert, deren Größe im Verhältnis von Läufer- zu Ständerwindungszahl anders ist als die Ständer-EMK, ihre Frequenz ist natürlich auch Netzfrequenz. Dreht man den Läufer mit einer Drehzahl $n$ in der Umlaufsrichtung des Drehfeldes, so bewegt sich der Drehfluß relativ zur Läuferwicklung mit der Drehzahl $n_1 - n$. Im Läufer wird nunmehr eine EMK $E_2$ mit einer Frequenz $f_2$:

$$f_2 = \frac{n_1 - n}{n_1} \cdot f_1 \tag{3}$$

induziert, die im Verhältnis $\frac{f_2}{f_1}$ kleiner ist als die Stillstands-EMK des Läufers. Man bezeichnet das Verhältnis der beiden Frequenzen als Schlupf $s$ und kann schreiben:

$$s = \frac{f_2}{f_1} = \frac{n_1 - n}{n_1}. \tag{4}$$

Schließt man die Läuferwicklung über Widerstand kurz, so fließen in ihr entsprechend dem Ohmschen Gesetz Ströme, die sich nach den oben erörterten Drehfeldgesetzen zu einem mit der der Läuferfrequenz entsprechenden Synchrondrehzahl umlaufenden Drehfeld zusammensetzen. Dieses Drehfeld läuft in Richtung des Ständerdrehfeldes in bezug auf die Läuferwicklung mit der Drehzahl $s \cdot n_1$ um. Da der Läufer mit der Drehzahl $n$ im selben Sinne umläuft, so läuft das Läuferdrehfeld relativ zu Ständer mit der Drehzahl $s \cdot n_1 + n = n_1 - n + n = n_1$ also mit Synchrondrehzahl um.

Das Läuferdrehfeld sucht natürlich einen Drehfluß zu erregen, der das Gleichgewicht zwischen Netzspannung und

Ständer-EMK stören würde, zum Ausgleich sendet daher das Netz sofort Ströme in den Ständer, deren Feld das Läuferdrehfeld kompensiert, so daß wieder nur das vom Magnetisierungsstrom herrührende ursprüngliche Drehfeld übrigbleibt. Man sagt: Ständer und Läufer führen Belastungsströme. Diese Ströme bilden mit dem Fluß ein Drehmoment. Das Drehmoment wirkt auf den Läufer, wie später gezeigt wird, im Drehsinne des Drehflusses und Läuferdrehfeldes. Läuft der Läufer unbelastet, so wird er durch das Drehmoment so lange beschleunigt, bis die mit zunehmender Drehzahl, also abnehmender Läuferfrequenz abnehmenden Läuferströme eben noch die Reibung überwinden können. Der Läufer läuft also im Leerlauf fast synchron. Bei genauem Synchronismus wäre die Läuferfrequenz, also auch die Läuferspannung Null und damit auch der Läuferstrom Null, also auch das Drehmoment Null. Als Motor muß die Maschine also stets untersynchron laufen. Belastet man die Maschine als Motor, indem man ihr ein Drehmoment entnimmt, so muß sie in steigendem Maße mit zunehmender Belastung untersynchron laufen: der Schlupf nimmt zu.

Steht der Läufer still, ist aber über Widerstände kurzgeschlossen und schaltet man die Ständerwicklung ein, so nimmt die Maschine einen nach dem allgemeinen Ohmschen Gesetz begrenzten Strom, den Kurzschlußstrom, auf und sucht sich mit einem ganz bestimmten Drehmoment, dem Anlaß- oder Kurzschlußmoment, in Bewegung zu setzen. Belastet man den bereits laufenden Motor mit einem immer stärkeren Drehmoment, dann wird der Schlupf immer größer. Bei einem Schlupf, der je nach den Widerstands- und Streuungsverhältnissen der Maschine bei etwa 20 bis 30% liegt, d. h. bei einer Drehzahl, welche etwa 80 bis 70% der Synchrondrehzahl beträgt, tritt die größte Drehmomententwicklung, das Kippmoment des Motors auf. Belastet man die Maschine mit einem nur etwas größeren Drehmoment, dann bleibt sie stehen. Das Kippmoment ist meist wesentlich größer als das Anlaßmoment.

Treibt man die Maschine mit einer Kraftmaschine übersynchron an, so daß $n > n_1$ wird, so wird der Schlupf negativ, Läuferspannung und Läuferstrom kehren ihre Richtung um, auch der Ständerstrom kehrt seine Richtung um: die Maschine wird zum Generator, jedoch nur, solange sie mit dem Drehstromnetz konstanter Spannung und Frequenz in Verbindung steht. Trennt man sie vom Netz ab und schaltet die Ständerwicklung etwa auf Widerstände, so verliert sie sofort ihre Spannung und ihren Strom: sie kann sich nicht selbst erregen. Auch als Generator kann die Maschine nicht beliebig überlastet werden, denn ihr Drehmoment ist wieder abhängig vom Schlupf, sie hat auch als Generator ein ganz bestimmtes Kippmoment und einen zugehörigen Kippschlupf. Überträgt man ein Drehmoment auf sie, das größer ist als dieses Kippmoment, so läßt sie sich beliebig beschleunigen, wobei der Strom zwar weitersteigt, jedoch sein Leistungsfaktor immer mehr sinkt und die auf das Netz übertragene Generatorleistung abnimmt. Es ist also sehr gefährlich, einen Induktionsgenerator über sein Kippmoment hinaus zu belasten.

## IV. Theorie

Nachdem in groben Umrissen die Eigenschaften der Induktionsmaschine erläutert worden sind, müssen nunmehr die mathematisch-physikalischen Zusammenhänge behandelt werden, ohne die es nicht möglich ist, genauere Berechnungen anzustellen.

### 1. EMK, Wicklungsfaktor

Der Drehfluß $\Phi$ in Voltsekunden induziert, wie schon auf S. 22 gesagt, in Ständer- und Läuferwicklung EMKe $E_1$ bzw. $E_2$ entsprechend den Windungszahlen $w_1$ bzw. $w_2$ und den Frequenzen $f_1$ bzw. $f_2$. Die EMK in jeder Spule ist eine Wechsel-EMK, man kann sie nach der bekannten Transformatorgleichung in Volt berechnen, wenn man mit $g_1$ die Nutenzahl je Pol und Phase des Ständers, mit $g_2$ die des Läufers, mit $z_1$ die in Reihe geschaltete Leiterzahl einer Ständernut, mit $z_2$ die einer Läufernut, mit $k_{w1}$ den Wicklungsfaktor der Ständerwicklung, mit $k_{w2}$ den der Läuferwicklung bezeichnet. Man erhält dann:

$$E_1 = \frac{2\pi}{\sqrt{2}} f_1 k_{w1} p g_1 z_1 \Phi \quad \text{und} \tag{5}$$

(6) $$E_2 = \frac{2\pi}{\sqrt{2}} f_2 k_{w_2} p g_2 z_2 \Phi .$$

Setzt man $E_1$ und $E_2$ in Beziehung zueinander, so erhält man:

(7) $$\frac{E_2}{E_1} = s \cdot \frac{k_{w_2}}{k_{w_1}} \cdot \frac{g_2 z_2}{g_1 z_1} .$$

Setzt man:

(8) $$w_1 = k_{w_1} p g_1 z_1 \quad \text{und:}$$

(9) $$w_2 = k_{w_2} p g_2 z_2, \quad \text{so geht Gl. (7) über in:}$$

(10) $$\frac{E_2}{E_1} = s \cdot \frac{w_2}{w_1} .$$

Diese Gleichung nennt man das Erste Gesetz des Allgemeinen Transformators. Bei Stillstand wird $s = 1$ und man erhält das bekannte Gesetz des Speziellen Transformators: Die EMKe verhalten sich wie die Windungszahlen. Im vorliegenden Falle, für $s \neq 1$, heißt es: die EMKe verhalten sich wie Schlupf mal Verhältnis der Windungszahlen.

Das Zweite Transformatorgesetz ergibt sich aus der auf S. 23 erörterten Bedingung, daß, abgesehen vom Leerlaufstrom, die MMK jedes Belastungsstromes durch einen entsprechenden Netzstrom auskompensiert werden muß. Bezeichnet man den den Belastungsstrom $I_2$ des Läufers kompensierenden Ständerstrom (Komponente) mit $I_2'$, so findet man nach früherem die Beziehung:

(11) $$I_2' w_1 = I_2 w_2 .$$

Mit Recht bezeichnet man daher die Induktionsmaschine als echten Transformator, welcher aber auch Frequenz wandeln kann.

In den Gleichungen für die EMKe und Windungszahlen kamen die Größen $k_{w_1}$ und $k_{w_2}$ vor, die Wicklungsfaktoren genannt wurden, es ist zweckmäßig, sie jetzt näher zu untersuchen. Der Fluß ist, wie schon erörtert, mehr oder weniger sinusförmig über die Polteilung verteilt. Die Wicklung liegt so über die Polteilung verteilt, daß die Nuten einer Phase bei Dreiphasenwicklung $^1/_3$ Polteilung bedecken. Es können also nicht alle Linien des Flusses alle Windungen einer Phase durchsetzen, daher muß die in einer in mehrere Nuten je Pol und Phase verteilten Spule induzierte EMK kleiner sein als die, welche in einer Spule gleicher Windungszahl induziert wird, deren sämtliche Windungen in je einer Nut beieinander liegen, und die genau eine Polteilung umfaßt (Einlochwicklung). Das Verhältnis dieser beiden EMKe nennt man den Wicklungsfaktor. Es ist dabei gleichgültig, ob, wie bei der Zweiebenenwicklung, die in den einzelnen Teilspulen induzierten EMKe gleichphasig, aber verschieden groß sind, oder ob, wie bei den Wicklungen mit gleichen Spulenköpfen, die in den einzelnen Teilspulen induzierten EMKe zwar gleich groß aber gegeneinander phasenverschoben sind, ist nur die Nutenzahl je Pol und Phase dieselbe und die mittlere Spulenweite gleich der Polteilung, so ist der Wicklungsfaktor derselbe.

In Abb. 8 sind die Spannungsverhältnisse für eine Viernutwicklung mit gleichen Spulenköpfen auf zweipolige Maschine bezogen dargestellt. Die EMKe der einzelnen Teilspulen (alle untereinander gleich) sind mit $E_s$, die resultierende EMK der ganzen Phasenspule mit $E_r$ bezeichnet. Die Einzel-EMKe $E_s$ sind gegeneinander um je einen Winkel $\alpha$ phasenverschoben. Die Spulenbreite umfaßt einen Winkel $g \cdot \alpha$, der bei $m$-phasiger Wicklung $\frac{\pi}{m}$ beträgt. Somit erhält man:

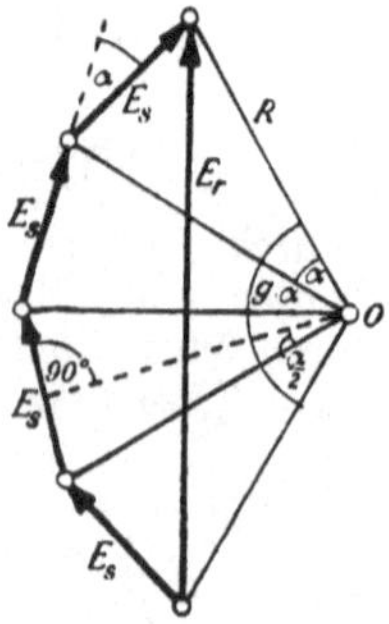


Abb. 8. Entstehung des Wicklungsfaktors

$$\alpha = \frac{\pi}{m \cdot g}. \tag{12}$$

Der Wicklungsfaktor $k_w$ ergibt sich aus der Abbildung zu:

$$k_w = \frac{E_r}{g \cdot E_s} = \frac{\sin \frac{g\alpha}{2}}{g \sin \frac{\alpha}{2}}, \tag{13}$$

setzt man den Ausdruck für $\alpha$ aus Gl. (12) ein, so findet man:

$$k_w = \frac{\sin \frac{\pi}{2m}}{g \sin \frac{\pi}{2mg}}. \tag{14}$$

Bei Synchronmaschinen pflegt man wegen der besseren Spannungskurve häufig die Wicklung zu sehnen, d. h. die Spulenweite kleiner zu wählen als die Polteilung. Bei Induktionsmaschinen ist das selten üblich, daher soll hier der Sehnungsfaktor nur erwähnt werden. Auch der Oberwellenausgleich durch Verteilung der Spule in mehrere Nuten sei hier nur erwähnt.

## 2. Drehmoment

Aus dem Biot-Savartschen Gesetz ergibt sich die auf einem $l$ (cm) langen, vom Strome $i$ (Ampere) durchflossenen, in einem magnetischen Kraftfelde von der Induktion $B$ (Gauß) befindlichen Leiter ausgeübte magnetische Kraft $P$ (kg) zu:

$$P = \frac{10^{-6}}{9{,}81} \cdot l \cdot i \cdot B, \tag{15}$$

wo $B$ die Luftspaltinduktion an der Stelle ist, wo sich der betrachtete Leiter befindet. In Abb. 9 sind Induktion $B$, Läufer-EMK $e_2$, MMK$_2$ des Läuferstromes $i_2$ und der Verlauf der Durchflutung $\Theta$ der Läuferströme dargestellt, die sämtlich

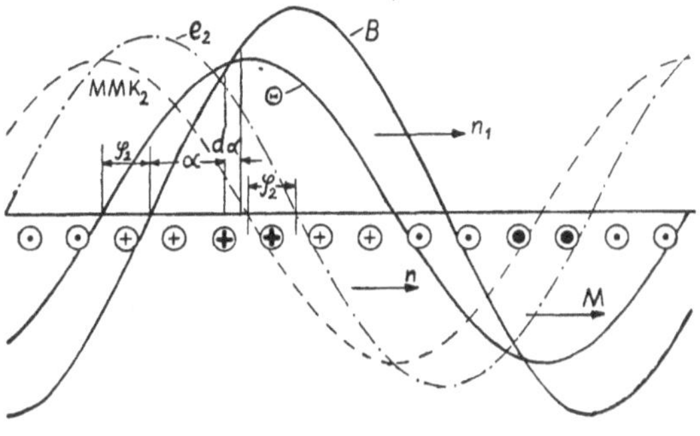


Abb. 9. Entstehung des Drehmomentes

räumlich mit Synchrondrehzahl $n_1$, relativ zur Läuferwicklung mit der Drehzahl $n_1$-$n$ umlaufen. Im Abstande $\alpha$ im Bogenmaß von der Stelle aus gemessen, wo im gezeichneten Augenblick $B = 0$ ist, erhält man:

$$B_\alpha = \frac{\pi}{2} \cdot B \cdot \sin\alpha \,, \tag{16}$$

wo $B$ den Mittelwert, $\frac{\pi}{2} \cdot B$ also den örtlichen Höchstwert der Induktion bedeuten. Die Durchflutung (Effektivwert) einer Polteilung im Läufer ist: $m \cdot g_2 \cdot z_2 \cdot I_2$. Der Höchstwert der (sinusförmig verteilten) Durchflutung ist, wie Abb. 9 zeigt, immer an der Stelle, an der die $\mathrm{MMK}_2$-Kurve durch Null geht. Die Kurve der Läuferdurchflutung eilt also der $\mathrm{MMK}_2$-Kurve stets um $90^0$ vor. Demnach ist die Durchflutung im Streifen $d\alpha$:

$$d\Theta_\alpha = \frac{\mathrm{m} g_2 z_2 I_2 \sqrt{2}}{\pi} \cos\varphi_2 \sin\alpha\, d\alpha \,. \tag{17}$$

$\varphi_2$ ist der Phasenverschiebungswinkel zwischen $E_2$ und $I_2$ oder, was dasselbe ist: zwischen $B_{\max}$ und $i_{2\max}$. Die Umfangskraft dieses Streifens $d\,P$ für sämtliche Polteilungen ist dann:

$$d\,P = 2p \frac{10^{-6}}{9{,}81} k_{w_2} \frac{m g_2 z_2 I_2 \sqrt{2}}{\pi} \cos\varphi_2 \cdot l \cdot \frac{\pi}{2} B \sin^2\alpha\, d\alpha \,, \tag{18}$$

wo $k_{w_2}$ den Wicklungsfaktor bedeutet. Nun ist:

$$l \cdot B = 2p \frac{10^8}{\pi} \frac{\Phi}{d} \,, \tag{19}$$

wo $d$ der Bohrungsdurchmesser in cm ist, somit:

$$P = \int_0^\pi d\,P = \frac{200}{9{,}81\sqrt{2}} k_{w_2} p^2 m g_2 z_2 I_2 \frac{\Phi}{d} \cos\varphi_2 \tag{20}$$

und daraus das Drehmoment (einschließlich Reibung) $M$ in mkg:

$$M = \frac{P d}{200} = \frac{k_{w_2}}{9{,}81\sqrt{2}} p^2 m g_2 z_2 I_2 \Phi \cos\varphi_2 \,. \tag{21}$$

Ist die Induktionsverteilung nicht oberwellenfrei, wie z. B. bei hochgesättigten Maschinen, so erhält man für $B_x$, Symmetrie vorausgesetzt:

$$(22) \qquad B_\alpha = \frac{\pi}{2}(B_1 \sin\alpha + B_3 \sin 3\alpha + \cdots) .$$

Sinusförmige Stromverteilung vorausgesetzt erhält man:

$$(23) \qquad \int_0^\pi \sin 3\alpha \, d\alpha + \int_0^\pi \sin 5\alpha \, d\alpha + \cdots = 0 ,$$

d. h. die Eisensättigung ändert an der Drehmomentgleichung nichts. Wie aus Abb. 9 zu ersehen, wirkt das Drehmoment solange im Sinne des Umlaufs von Drehfluß und Feld, als beide Kurven gleichgerichtet sind. Kehrt der Strom seine Richtung um ($i_2$ negativ), d. h. wird die Maschine Generator, so kehrt auch das Drehmoment seine Richtung um, wie ja auch aus der Gl. (21) hervorgeht: das Drehmoment wirkt gegen die Drehrichtung, es wirkt bremsend und muß durch ein von außen aufgezwungenes Drehmoment überwunden werden.

Da Ständer und Läufer elektrisch miteinander überhaupt nicht in Verbindung stehen, muß die ganze Läuferleistung über den Luftspalt, also rein elektromagnetisch übertragen werden. Man nennt diese durch den Luftspalt hindurch übertragene Leistung die Luftspaltleistung $N_\delta$. Von dieser Luftspaltleistung wird ein Teil in elektrische Leistung umgesetzt, die durch den Schlupf, also die EMK $E_2$ einerseits und die in den Läuferkreis eingeschalteteten Widerstände andrerseits bestimmt wird, sie sei $N_2$ entsprechend der Sekundärleistung des ruhenden Transformators genannt, weil sie genau dieselbe Bedeutung hat wie diese. Der einzige Unterschied ist der, daß beim ruhenden Transformator (Induktionsmaschine mit festgebremstem Läufer) die Frequenz der Sekundärleistung dieselbe ist wie die der Primärleistung, während bei umlaufendem Läufer die Sekundärfrequenz gleich ist der Schlupffrequenz $f_2$. Die Induktionsmaschine ist also auch ein Frequenzwandler. Der andere Teil der Luftspaltleistung geht als mechanische Leistung über die Welle, dieser Teil sei $N_m$ genannt. Bei kleinem Schlupf, also kleiner Schlupffrequenz, sind die Eisenverluste im Läufer klein und können vernachlässigt werden. Bei großem Schlupf muß man auch die Läufereisenverluste berücksichtigen, sie spalten sich bekanntlich in Hysteresis- und

Wirbelstromverluste. Erstere sind reine Ummagnetisierungsverluste und werden daher von der mechanischen Leistung ebenso gedeckt wie die Reibungsverluste, letztere sind reine Stromwärmeverluste, sie müssen also ebenso wie die Stromwärmeverluste in der Läuferwicklung durch die elektrische Läuferleistung gedeckt werden.

Die elektrische Läuferleistung $N_2$ (Watt) läßt sich darstellen als das Produkt:

$$(24) \qquad N_2 = mE_2 I_2 \cos\varphi_2$$

$$= \frac{\pi}{30}\frac{k_{w_2}}{\sqrt{2}} p^2 m g_2 z_2 \cos\varphi_2 I_2 \Phi \cdot s \cdot n_1 = 9{,}81 \frac{\pi}{30} \cdot M \cdot n_1 \cdot s\,,$$

die mechanische Leistung (einschließlich Reibung) ergibt sich aus dem Produkt Drehmoment mal Winkelgeschwindigkeit zu:

$$(25) \qquad N_m = 9{,}81 \cdot \frac{\pi n}{30} M = \frac{\pi}{30}\frac{k_{w_2}}{\sqrt{2}} p^2 m g_2 z_2 \cos\varphi_2 I_2 \Phi \cdot n\,.$$

Die Luftspaltleistung ist die Summe der beiden Leistungen:

$$(26) \qquad N_\delta = N_m + N_2 = \frac{\pi}{30}\frac{k_{w_2}}{\sqrt{2}} p^2 m g_2 z_2 \cos\varphi_2 I_2 \Phi \cdot n_1$$

$$= 9{,}81 \frac{\pi}{30} \cdot M \cdot n_1\,.$$

Dividiert man Gl. (24) durch Gl. (26), so erhält man:

$$(27) \qquad \frac{N_2}{N_\delta} = s\,,$$

oder in Worten: der Schlupf ist gleich dem Verhältnis der elektrischen Läuferleistung zur Luftspaltleistung. Dividiert man Gl. (26) durch Gl. (21), so findet man:

$$(28) \qquad \frac{N_\delta}{M} = 9{,}81 \cdot \frac{\pi \cdot n_1}{30}\,.$$

Da die rechte Seite dieser Gleichung nur Konstante enthält, so heißt das: Die Luftspaltleistung ist proportional dem Drehmoment.

## 3. Leerlaufstrom

Schaltet man bei offener Läuferwicklung eine Drehspannung auf die Ständerwicklung, so fließt in letzterer, wie schon früher erörtert, der Leerlaufstrom $I_0$. Dieser setzt sich zusammen aus dem für die Aufrechterhaltung des zur Kompensation der Netzspannung erforderlichen Drehflusses notwendigen Magnetisierungsstroms $I_\mu$, welcher in Phase mit dem von ihm erregten Fluß ist (also der Netzspannungskomponente, welche der vom Fluß induzierten EMK $E_0$ entgegenwirkt, um $90^0$ nacheilt) und aus dem zur Deckung der Eisenverluste (die ja wie eine sekundäre Strombelastung wirken) dienenden Eisenverluststrom $I_e$, welcher, weil er einer Wirkbelastung entspricht, in Phase sein muß mit der erwähnten Netzspannungskomponente.

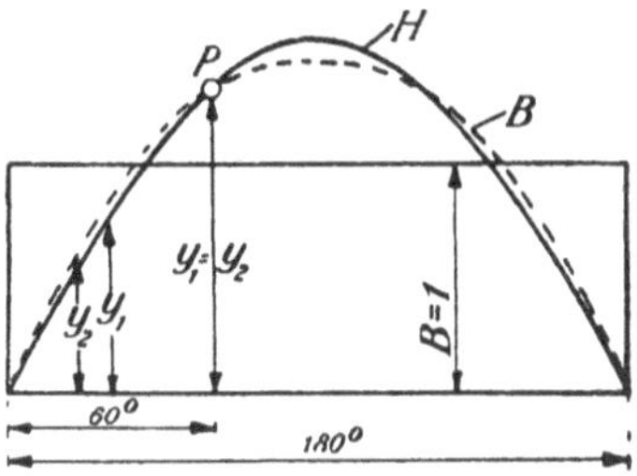

Abb. 10. Verteilung von Feld und Induktion über eine Polteilung

Der Eisenverluststrom errechnet sich nach obigem für eine $m$-phasige Maschine zu:

$$I_e = \frac{N_e}{m \cdot E_0}, \tag{29}$$

wo $N_e$ die Eisenverluste in Watt bedeutet.

Für die Berechnung des reinen Magnetisierungsstromes $I_\mu$ gibt es verschiedene Verfahren. Hier soll ein einfaches Verfahren gezeigt werden, welches aus einer Zusammenfassung der Verfahren von Kloß (6) und Blomqvist (7) entstanden ist, wobei auch Gedanken von Mellenthin (8) mit hineingeflochten sind.

Wie schon bewiesen (S. 18), verläuft die MMK- oder Feldkurve, abgesehen von den durch die Nutung bedingten Oberwellen, sinusförmig. Dagegen ist infolge der Eisensättigung die Verteilung der Induktion eine gegen die Sinusform etwas abgeplattete Kurve, die Flußkurve, wie sie fernerhin heißen soll, ist also abgeplattet. Zeichnet man in Abb. 10 Feld- und Flußkurve so übereinander, daß sie flächengleich sind, so findet man stets zwei Schnittpunkte $P$ der beiden Kurven, in denen also Feld- und Flußkurve die gleichen Ordinaten besitzen. Kloß glaubte gefunden zu haben, daß für hoch- und niedriggesättigte Maschinen dieser Schnittpunkt in der Polteilung immer an derselben Stelle: in $\frac{\tau_p}{3}$ von der Stelle $B = 0$ entfernt, oder im Bogenmaß von $B = 0$ aus gemessen in 60° Abstand liegt. Blomqvist glaubt dasselbe gefunden zu haben, während Mellenthins Messungen den Abstand 55° ergaben. Da im Abstand 60° alle Oberwellen von dreifacher Ordnung der Grundwelle Null sind, man also den geringsten möglichen Fehler begeht, wenn man die Ordinaten dieser Stelle der Berechnung zugrunde legt (Blomquist), so soll (trotz Mellenthin) der Verschneidungspunkt $P$ an diese Stelle verlegt werden. Setzt man die Höhe des flächengleichen Rechtecks gleich 1, so ist die Scheitelordinate der Feldkurve $y_{1m} = \frac{\pi}{2} = 1{,}57$ und für $\alpha = 60^0$ ist:

(30) $$y_1 = y_2 = 1{,}57 \cdot \sin 60^0 = 1{,}36\,.$$

Die Grundwellenamplitude der Feldkurve $y_{1m}$ errechnet sich nach S. 20 zu:

(31) $$y_{1m} = 2 \cdot 0.92 \cdot \sqrt{2} \cdot g_1 z_1 I_\mu = 2{,}6\, g_1 z_1 I_\mu\,.$$

Für den Punkt $P$ ist $y_1 = y_2$, also:

(32) $$y_1 = y_2 = 2{,}6 \cdot g_1 z_1 I_\mu \sin 60^0 = 2{,}25 \cdot g_1 z_1 I_\mu\,.$$

Für die zahlenmäßige Berechnung des Magnetisierungsstromes auf Grund der obigen Erkenntnisse muß man die Erregung über den ganzen magnetischen Kreis berechnen. Der Weg der mittleren Kraftröhre geht nach Abb. 10 durch den Punkt $P$, also in der Entfernung $\frac{\tau_p}{3}$ von der Stelle, wo $B = 0$ ist. Er umfaßt also in Ständer- und Läuferkranz je $\frac{2}{3}\tau_p$ und geht zweimal durch den Luftspalt und die Läufer- und Ständer-Zähneschicht.

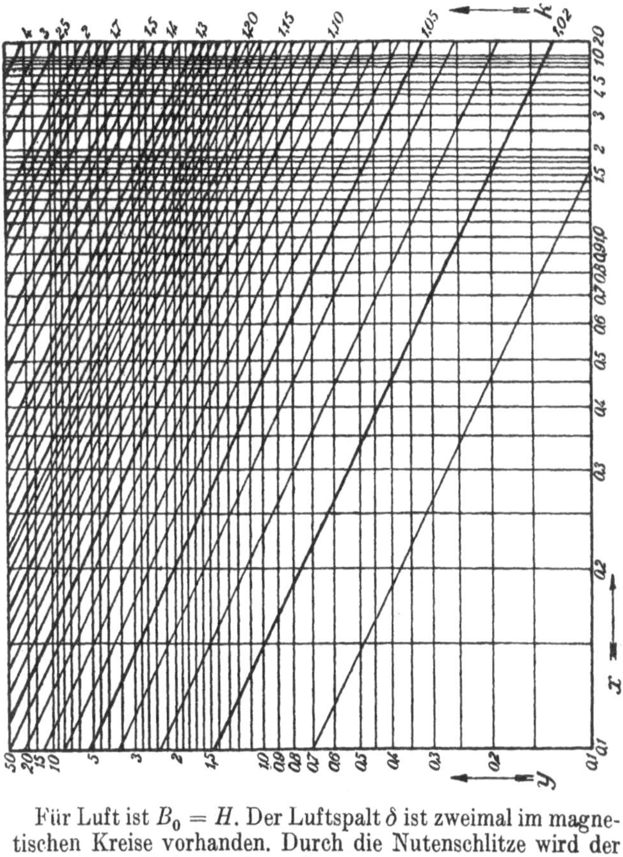


Abb. 11. Carter-Baillysches Diagramm für die Berechnung der scheinbaren Luftspaltvergrößerung

Für Luft ist $B_0 = H$. Der Luftspalt $\delta$ ist zweimal im magnetischen Kreise vorhanden. Durch die Nutenschlitze wird der magnetische Widerstand des Luftspaltes so erhöht, als ob ein ideeller Luftspalt $\delta' = k \cdot \delta$ vorhanden wäre, wo $k > 1$. Aus dem Carter-Baillieschen Diagramm, Abb. 11, kann man den Carterschen Faktor $k$ (9) für das Verhältnis $x = \frac{\text{Schlitzbreite}}{\text{Zahnbreite}}$

und $y = \frac{\text{Schlitzbreite}}{\text{Luftspalt}}$ ermitteln. Bei der Induktionsmaschine, bei der Ständer und Läufer genutet sind, ermittelt man für die Ständernutung den Wert $k_1$, für die Läufernutung $k_2$ und findet $k = k_1 + k_2 - 1$. Man erhält nunmehr die Luftspalterregung $AW_0$ für den ganzen magnetischen Kreis zu:

$$AW_0 = 1{,}6 \cdot \delta' \cdot B_0 . \tag{33}$$

Für die Eisenwege findet man die örtliche magnetische Feldstärke in $AW$/cm aus der Magnetisierungskurve für die betreffende Eisensorte (unter der Voraussetzung gleichmäßiger Verteilung der Induktion über den Querschnitt), indem man den Fluß durch den Querschnitt des betreffenden Teilpfades dividiert und für die so gefundene Induktion die Feldstärke in $AW$/cm aus der Kurve entnimmt. Multipliziert man diese Feldstärke mit der Länge der Teilstrecke, so erhält man die Erregung für diesen Teil des magnetischen Kreises. Da der Fluß die Zahnschichten zweimal durchsetzt, muß man, wie beim Luftspalt, die Zahnlängen doppelt berechnen.

In den Kranzzonen sind die Induktionen über den Querschnitt als konstant anzusehen. Im Luftspalt und in den Zähneschichten wirkt die Verteilung der Flußkurve über die Polteilung so, daß die Induktion in $P$, also für $y_1 = y_2 = 1{,}36$, bei einem Querschnitt von $F$ cm² berechnet werden muß als:

$$B = 1{,}36 \cdot 10^8 \cdot \frac{\Phi}{F} . \tag{34}$$

Im Leerlauf ist der Fluß über den ganzen magnetischen Kreis konstant. Man ermittelt die gesamte Erregung in folgender Art:

| Teilpfad | 100 $\Phi$ | $F$ cm² | $B$ Gauß | $x$ | $x\,B$ | AW/cm | $l$ cm | AW |
|---|---|---|---|---|---|---|---|---|
| Ständerkranz | 1,3 | 100 | 13000 | 1,0 | 13000 | 8 | 20 | 160 |
| Ständerzähne | 1,3 | 120 | 10800 | 1,36 | 14700 | 17,5 | 8 | 140 |
| Luftspalt | 1,3 | 260 | 5000 | 1,36 | 6800 | 5430 | 0,12 | 653 |
| Läuferzähne | 1,3 | 110 | 11800 | 1,36 | 16100 | 42 | 7 | 294 |
| Läuferkranz | 1,3 | 95 | 13700 | 1,0 | 13700 | 10,5 | 15 | 157 |

Summe aller AW je Polpaar . . . = 1404

Man erhält nunmehr den Magnetisierungsstrom zu:

$$I_\mu = \frac{\Sigma AW}{2{,}25 \cdot g_1 z_1}\,. \tag{35}$$

Nach Kloß (6) kann man dieses Berechnungsverfahren mit kleiner Abänderung dazu benützen, um die höchste vorkommende Zahninduktion und damit die Zahneisenverluste der Maschine zu bestimmen. Nach obigen Ausführungen ist:

$$\frac{y_{1m}}{y_1} = \frac{1{,}57}{1{,}36} = 1{,}15\,, \tag{36}$$

d. h. die MMK muß in Feldmitte (Amplitude der Sinuskurve) 1,15 mal größer sein als im Punkte $P$. Die Amplitude der Flußkurve, also der Höchstwert der Induktion muß nach Abb. 10 im gleichen Flächenmaßstab kleiner sein als 1,57 wegen der Eisensättigung. Die Berechnung geschieht nun so, daß man in Flußwellenamplitude für die Kraftröhre über volles $\tau_p$ in der Zahn-Luftspalt-Zone einen Faktor $x_m$ annimmt, welcher größer ist als 1,36 und kleiner als 1,57, also beispielsweise 1,45. Mit diesem Faktor berechnet man die Induktion $B_m$ nach:

$$B_m = 10^8 \cdot x_m \cdot \frac{\Phi}{F} \tag{37}$$

und ermittelt dafür die $AW$/cm. Man berechnet also wieder eine Tabelle wie auf S. 34, aber für $x_m = 1{,}45$ anstatt $x = 1{,}36$ und setzt für Ständer- und Läuferkranzweg anstatt $^2/_3\,\tau_p$ volles $\tau_p$ ein. Ermittelt man nun die gesamte Erregung $\Sigma\, AW_m$, so muß bei richtiger Wahl von $x_m$ sein:

$$\frac{\Sigma AW_m}{\Sigma AW} = 1{,}15\,. \tag{38}$$

Es wäre ein seltener Zufall, wenn dieser Wert herauskäme. Um im anderen Falle lange Rechnungen zu ersparen, gibt Kloß ein einfaches graphisches Verfahren an. In Abb. 12 sei in der Abszissenachse $\Sigma AW$, in der Ordinatenachse $B$ aufgetragen, aber im Verhältnismaßstab, d. h. die Abszissenteilung bezieht sich auf $\Sigma AW = 1$, die Ordinatenteilung auf mittlere Luftinduktion $B_0 = 1$. Der Punkt $C$ entspricht also $B_{\text{Luft}}$ und ist mit 1,36 bezeichnet, der zugehörige Abszissenpunkt $A$ entspricht der dazugehörigen Erregung $\Sigma AW$ und ist mit 1 beziffert. $E$ ist

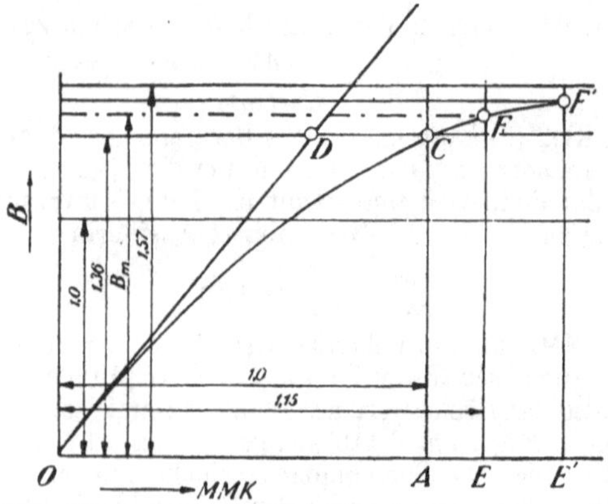


Abb. 12. Ermittlung der magnetischen Kennlinie einer Induktionsmaschine

mit 1,15 beziffert und entspricht also dem Sollwert der Erregung über volles $\tau_p$. Man wählt nun irgendeinen Faktor $x'_m$, beispielsweise 1,50, ermittelt mit Tabellenrechnung die zugehörige Erregung $\Sigma AW$, z. B. mit 1,30, und trägt sie im Abszissenmaßstab als $\overline{OE'}$ ein. Aus der Berechnung kennt man die Luftspalt-$AW$ $\overline{BD}$ und damit die Gerade $\overline{OD}$ als Luftspaltkennlinie, ebenso den Punkt $C$. $F'$ entspricht dem ebenfalls berechneten Abstand $\overline{OE'}$ in Ordinatenhöhe $x = 1{,}50$. Durch die Punkte $O\,C\,F'$ kann man mit einiger Genauigkeit eine Kurve als Magnetisierungskennlinie ziehen, besonders wenn man noch $\overline{OD}$ als Tangente in $O$ hat. Wo diese Kurve die Ordinate über $E$ in $F$ schneidet, findet man den richtigen Erregungspunkt und damit auf der Ordinatenachse den richtigen Sättigungspunkt entsprechend dem richtigen $x_m$.

Die rechtwinkelige Zusammensetzung der Vektoren $I_e$ nach Gl. (29) und $I_\mu$ nach Gl. (35) ergibt den Leerlaufstrom $I_0$:

$$I_0 = \sqrt{I_\mu^2 + I_e^2}\,. \tag{39}$$

Die Kurvenform des Leerlaufstromes weicht nicht sehr von der Sinusform ab, auch wenn die Maschine hochgesättigt ist, das kommt daher, daß bei allen dreiphasigen Schaltungen nach außen hin alle dreifachen Oberwellen sich aufheben, es bleiben also in der Hauptsache die fünfte und siebente Oberwelle übrig, welche nur kleine Amplituden haben. Man kann daher mit ziemlicher Annäherung Sinusform für den Leerlaufstrom annehmen, so daß Gl. (39) genügend genaue Werte gibt.

## 4. Streuung

Streuung ist jeder magnetische Nebenschluß zu einem gewünschten oder vorgeschriebenen magnetischen Pfad. Bei der Induktionsmaschine ist dieser vorgeschriebene Pfad der Weg über den ganzen magnetischen Kreis: Ständerkranz, Ständerzähne, Luftspalt, Läuferzähne, Läuferkranz. Alle Kraftlinien, welche nicht diesen ganzen Weg durchlaufen, sind Streulinien.

Man unterscheidet bei allen elektrischen Maschinen drei Arten von Streuung: Nutenstreuung, Wickelkopf- oder Stirnstreuung und Zahnkopfstreuung, welch letztere bei der Induktionsmaschine in die Spaltstreuung (doppeltverkettete Streuung) übergeht. Eine echte Zahnkopfstreuung gibt es bei der Induktionsmaschine nur für den Leerlaufstrom.

### a) Nutenstreuung

In Abb. 13 ist eine stromdurchflutete Maschinennut dargestellt. 13a zeigt den Verlauf einer Streulinie, wobei der Luftweg, wie durch Versuche bestätigt, als praktisch geradlinig an-

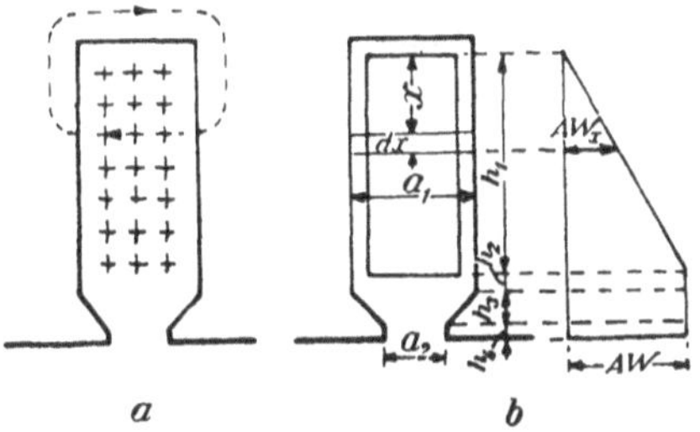


Abb. 13. Entstehung der Nutenstreuung

genommen werden kann. 13b zeigt den die Nut selbst durchsetzenden Teil einer Streukraftröhre im Abstand $x$ vom Nutengrund, daneben gezeichnet ist der Verlauf der MMK der Durchflutung vom Nutengrund bis zur Nutöffnung. Auf die Teile $h_2$, $h_3$, und $h_4$ wirkt die ganze Durchflutung, also auch die ganze MMK $AW = w \cdot I \cdot \sqrt{2}$. Im Abstand $x$ vom Nutengrund wirkt $AW_x$. Aus Abb. 13b ergibt sich:

$$\frac{AW_x}{AW} = \frac{x}{h_1}. \tag{40}$$

Der Fluß $d\Phi_x$ einer Elementarkraftröhre im Abstand $x$ vom Nutengrund, mit der Höhe $dx$ und der Breite senkrecht zur Bildebene, gleich der Ankerpaketlänge $l$ der Maschine, stellt sich dar als:

$$d\Phi_x = \frac{4\pi}{10^9} \frac{x}{h_1} w \cdot I\sqrt{2} \cdot l \cdot \frac{dx}{a_1}. \tag{41}$$

Der gesamte Streufluß in der Zone 1 entsprechend $h_1$ ist $\Phi_{n_1}$:

$$\Phi_{n_1} = \int_0^{h_1} d\Phi_x = 4\pi \cdot 10^{-9}\, wI\sqrt{2} \cdot l \cdot \frac{h_1}{2a_1}. \tag{42}$$

Man bezeichnet den Ausdruck $\frac{h_1}{2a_1} = \lambda_1$ als Streuleitwert.

Der Streufluß induziert in den Leitern der Nut eine EMK der Induktion, denn er ist ja ein Wechselfluß. Den Elementarwert dieser EMK $dE_x$, hervorgerufen vom Elementarstreufluß $d\Phi_x$ in dem von ihm umschlossenen Windungsteil der Nutentwicklung $\frac{x}{h_1} \cdot w$ findet man als:

$$dE_x = \frac{2\pi}{\sqrt{2}} f \cdot \frac{x}{h_1} w\, d\Phi_x. \tag{43}$$

Die ganze vom Nutenfluß $\Phi_{n_1}$ induzierte EMK ergibt sich mit Gl. (41) und (42) als $E_1$:

$$E_1 = \int_0^{h_1} dE_x = 4{,}44 \cdot f \cdot w \cdot \frac{2}{3} \Phi_{n_1}. \tag{44}$$

Man erhält also für die Streuspannung anstatt des Streuleitwertes den Wert $\lambda_1' = \frac{2}{3}\lambda_1$, d. h. für die Streuzone 1 gilt der Wicklungsfaktor $^2/_3$. Das ist auch tatsächlich der Wicklungsfaktor für jede über die ganze Flußzone gleichmäßig ausgebreitete Wicklung.

Für die übrigen Zonen gibt es keine solche Verkettung mehr, in ihnen umfassen alle Linien des Streuflusses sämtliche Windungen der Wicklung, daher wirkt dort auch die ganze Erregung $wI\sqrt{2}$. Für Zone 2 besteht demnach ein Streuleitwert $\lambda_2$, wo:

$$\lambda_2 = \frac{h_2}{a_1}. \tag{45}$$

Die Zone 3 weist eine stetige Verringerung des Flankenabstandes der Nut auf. Setzt man im Abstande $x + h_4$ von der Nutenöffnung die Breite der Nut gleich $y$, so findet man:

$$\frac{y - a_2}{a_1 - a_2} = \frac{x}{h_3} \tag{46}$$

und den Elementarfluß $d\Phi_{n_3}$ zu:

$$d\Phi_{n_3} = 4\pi \cdot 10^{-9}\, wI\sqrt{2} \cdot l \cdot \frac{dx}{y}, \tag{47}$$

woraus sich durch Integration über $h_3$ ergibt:

$$\Phi_{n_3} = 4\pi \cdot 10^{-9}\, wI\sqrt{2} \cdot l \cdot \frac{h_3}{a_1 - a_2} \cdot \ln\frac{a_1}{a_2}. \tag{48}$$

oder der Streuleitwert $\lambda_3$ als:

$$\lambda_3 = \frac{h_3}{a_1 - a_2} \cdot \ln\frac{a_1}{a_2}. \tag{49}$$

Für die Zone 4 ergibt sich einfach $\lambda_4$ zu:

$$\lambda_4 = \frac{h_4}{a_2}. \tag{50}$$

Für den gesamten Streuleitwert $\lambda_n$ dieser Nut ergibt sich dann:

$$\lambda_n = \frac{h_1}{2a_1} + \frac{h_2}{a_1} + \frac{h_3}{a_1 - a_2} \cdot \ln\frac{a_1}{a_2} + \frac{h_4}{a_2}. \tag{51}$$

Bezieht man den Streuleitwert auf die Streuspannung, so muß man in das erste Glied den Wicklungsfaktor mit einbeziehen und erhält:

(52) $$\lambda_n' = \frac{h_1}{3a_1} + \frac{h_2}{a_1} + \frac{h_3}{a_1 - a_2} \cdot \ln\frac{a_1}{a_2} + \frac{h_4}{a_2}.$$

In Abb. 14 sind drei Nutenformen dargestellt, wie sie für Induktionsmaschinen häufig verwendet werden. 14a stellt die runde Läufernut für Käfigwicklung dar. Der Streuleitwert des runden Teiles ist konstant, wenn das Verhältnis $\frac{a_2}{a_1}$ konstant ist, er beträgt für $\frac{a_2}{a_1} = \frac{1}{4}$ nur 0,50. Somit erhält man für den gesamten Streuleitwert einer runden Nut:

(53) $$\lambda_n' = 0{,}50 + \frac{h_2}{a_2}.$$

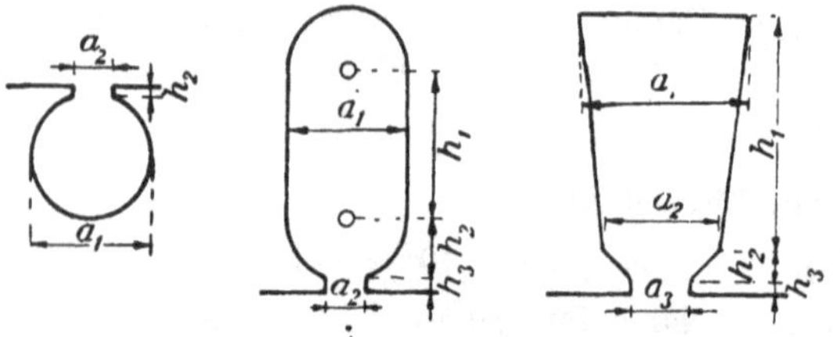


Abb. 14. Verschiedene Nutenformen

Dabei ergibt die Integration vom Nutengrund bis zum Kreisdurchmesser nur den Wert 0,0355 für den Leitwert, so daß sich der ganze Streuleitwert der Nut eigentlich nur aus der Integration von Nutmitte bis Nutöffnung ergibt. Für die Nutform Abb. 14b kann man unter der Voraussetzung, daß der halbkreisförmige untere Teil noch halb mit Leitern ausgefüllt ist, mit genügender Genauigkeit den Streuleitwert schreiben:

(54) $$\lambda_n' = \frac{h_1}{3a_1} + 0{,}70 + \frac{h_3}{a_2}.$$

Für die in Abb. 14c dargestellte trapezförmige Nut (10) ergibt sich mit großer Annäherung der auf Streuspannung bezogene Leitwert:

$$(55)\qquad \lambda_n' = \frac{h_1}{3a_2} + \frac{h_2}{a_2 - a_3}\ln\frac{a_2}{a_3} + \frac{h_3}{a_3}.$$

Da die Wicklung eines Stranges in $g$ Nuten je Pol und Phase verteilt ist, so sind für den Streufluß $g$ Nuten magnetisch in Reihe geschaltet. Da beide Seiten einer Spule in je einer Nut von der Eisenpaketlänge $l$ liegen, ergibt sich der Nutenstreufluß je Phase für ein Polpaar zu:

$$(56)\qquad \Phi_n = 4\pi\cdot 10^{-9}\cdot g\cdot z\cdot I\cdot\sqrt{2}\cdot 2\left(\frac{\lambda_n'}{g}\cdot l\right).$$

### b) Wickelkopfstreuung

Für die Berechnung der Wickelkopfstreuung sind von vielen Autoren Formeln abgeleitet worden, deren Richtigkeit von anderen wieder angezweifelt wurde. Die sog. „genauen“ derartigen Berechnungsverfahren, welche keineswegs genau sind, kranken auch noch an übergroßer Kompliziertheit. Die von Kloß (11) angegebenen Formeln sind zwar physikalisch anfechtbar, aber zahlenmäßig richtig, weil ihre Konstanten auf zahlreichen Versuchen aufgebaut sind. In Abb. 15 ist der Wickelkopf einer Phasenspule dargestellt, wie er, von oben betrachtet, aus dem Eisen der Maschine herausragt. Bezeichnet man mit $l_s$ seine Länge in cm und mit $\tau_p'$ die Polteilung in halber Nuthöhe gemessen, so ergibt sich nach Kloß für den ganzen Wickelkopf (von der Länge $l_s$) unter Berücksichtigung der gegenseitigen Induktion der Nachbarphasen bei einer dreiphasigen Zweiebenenwicklung die Streuleitfähigkeit

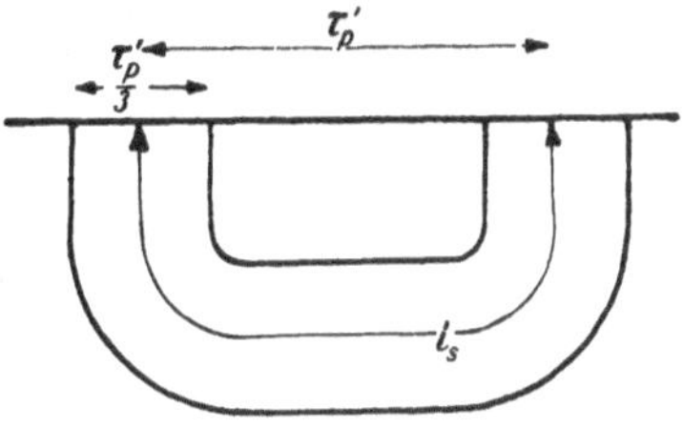

Abb. 15. Darstellung eines idealen Wickelkopfes

$$\Lambda_s (= \lambda_s\cdot l_s)$$

als:

$$(57)\qquad \Lambda_s = 0{,}7\, l_s - 0{,}4\tau_p'.$$

Man kann für eine Wicklung mit gleichen Spulenköpfen mit ziemlicher Annäherung dieselbe Formel gebrauchen. Pichelmayer (12) leitet eine noch einfachere Formel ab, welche etwas kleinere Werte gibt, sie lautet:

$$\Lambda_s = 0{,}4 \cdot l_s\,. \tag{58}$$

Nach Kloß (11) wirken die von den Läuferströmen durchflossenen Läuferwickelköpfe stets vermindernd auf die Wickelkopfstreuung, weil sie bei kleinen Wickelkopfabständen den Streuraum einschränken. Man muß also bei belasteter Maschine mit einem Verkleinerungsfaktor $c = 0{,}8$ bis $1{,}0$ rechnen und erhält $\Lambda_s'$ als wirkliche Streuleitfähigkeit:

$$\Lambda_s' = c \cdot \Lambda_s\,. \tag{59}$$

### c) Zahnkopfstreuung

Eine eigentliche Zahnkopfstreuung gibt es nur für die MMK des Leerlaufstromes, sie ist nichts anderes als die sog. Zickzackstreuung der Ständerwicklung. Nach Richter (13) errechnet sich ihr Streuleitwert $\lambda_{z_0}$ zu:

$$\lambda_{z_0} = \frac{\tau_2 - a_1 - a_2}{6\delta}\,, \tag{60}$$

wo $\tau_2$ die Läufernutenteilung, $a_1$ und $a_2$ die Schlitzbreiten der Ständer- bzw. Läufernut bedeuten. Wie bei der Nutenstreuung liegen die Nuten einer Phase je Polteilung in magnetischer Reihenschaltung, man erhält also für die Streuleitfähigkeit unter einer Polteilung $\Lambda_{z_0}$ den Ausdruck:

$$\Lambda_{z_0} = \frac{k_{w_1} \cdot \lambda_{z_0}}{q_1} \cdot l\,. \tag{61}$$

### d) Spaltstreuung

Die Spaltstreuung, auch doppelverkettete Streuung genannt, entsteht aus dem Zusammenwirken der magnetischen Felder der Belastungsströme von Ständer und Läufer. In Abb. 16 ist die Nutung einer Dreilochwicklung des Ständers und Vierlochwicklung des Läufers einer Maschine in ihrer Gegenüberstellung für den Augenblick dargestellt, in welchem der Strom $I_2$ in Phase $U$ seinen Höchstwert $\sqrt{2} \cdot I_2$ erreicht. Unter der Voraussetzung gleicher Durchflutungen (in Wirklichkeit ist die Läuferdurchflutung wegen des Gleichgewichtes der MMKe etwas größer) schließt das Treppendiagramm des Ständerfeldes 256 Flächeneinheiten, das des Läuferfeldes 252 Flächeneinheiten ein, wo ein Quadrat gleich ist vier Flächeneinheiten. Von beiden Feldern durchsetzt nur ein Teil die eigene und ein anderer Teil die fremde Wicklung. Die bezüglichen Wicklungsfaktoren sind aus der Zeichnung zu entnehmen, sie seien in bezug auf die das Feld erregende Wicklung mit $k_{11}$ für den Ständer und mit $k_{22}$ für den Läufer bezeichnet, während der Wicklungsfaktor von Ständerfeld auf Läuferwicklung mit $k_{12}$, der von Läuferfeld auf Ständerwicklung mit $k_{21}$ bezeichnet sei. Man erhält dann den Teil des Ständerfeldes, der nur mit Wicklung I verkettet ist, dargestellt durch den Verkettungsfaktor $\sigma_1$:

$$(62) \qquad \sigma_1 = k_{11} - k_{12} = \frac{256 + 2 \cdot 240}{3 \cdot 256} - \frac{250 + 234}{2 \cdot 256} = 0{,}0130$$

und den nur mit der Wicklung II verketteten Teil des Läuferfeldes, dargestellt durch den Verkettungsfaktor $\sigma_2$ zu:

$$(63) \qquad \sigma_2 = k_{22} - k_{21} = \frac{252 + 234}{2 \cdot 252} - \frac{252 + 2 \cdot 237}{3 \cdot 252} = 0{,}0040\,.$$

Die Verkettungsfaktoren stellen jeweils die Relativgrößen der Teilfelder dar, welche nur in der sie erregenden Wicklung EMKe erzeugen, sie sind also einfach die Blondelschen Streukoeffizienten oder Streufaktoren. Obige Rechnung genügt jedoch nicht, sie stellt die Werte $\sigma_1$ und $\sigma_2$ nur in dem in Abb. 16 wiedergegebenen Augenblick dar. Bewegt sich der Läufer weiter, so ändern sich die Ströme und ihre Felder, erst nach 60 Phasengraden stellt sich wieder dasselbe Bild ein. Rogowski (14) hat seine Untersuchung auf 25 Schnitten aufgebaut, welche in gleichen Zeitabständen geführt waren, und daraus die Mittelwerte der Streufaktoren gebildet. Für $g_1 = 3$ und $g_2 = 4$ fand Metzler (15) nach dem Rogowskischen Verfahren als Mittelwert $\sigma_1 + \sigma_2$:

$$(64) \qquad \sigma_1 + \sigma_2 = 0{,}0228\,,$$

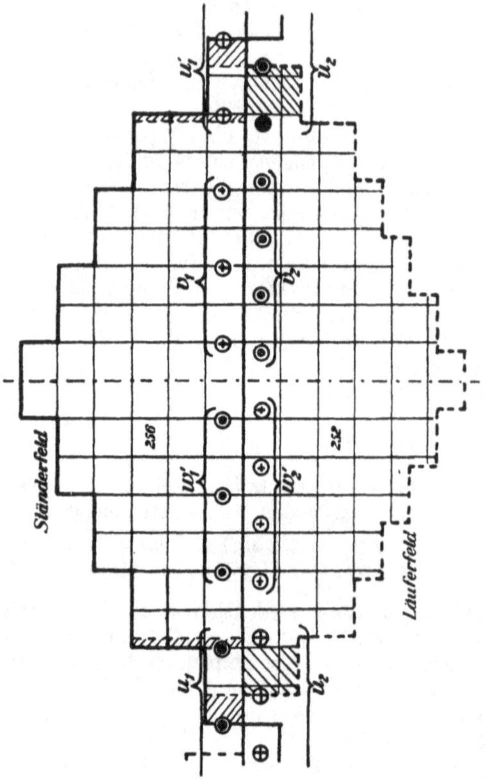


Abb. 16. Entstehung der Spaltstreuung

das ist also der Anteil des Flächeninhaltes der Feldkurve, welcher den gesamten Spaltstreufluß erregt.

Da dieser Vorgang nichts anderes darstellt, als die Wirkung der Oberwellen der Feldkurve auf die gegebene Nutung, so ist es naheliegend, als Berechnungsgrundlage das von Ossanna (16) gegebene Verhältnis $\varepsilon_1$ der durch den Gesamtfluß induzierten

EMK zu der durch die Grundwelle des Flusses induzierten EMK zu wählen:

$$(65)\qquad \varepsilon_1 = 1 + \left(\frac{k_5}{k_1}\right)^2 + \left(\frac{k_7}{k_1}\right)^2 + \left(\frac{k_{11}}{k_1}\right)^2 + \cdots,$$

wo $k_1$ den Wicklungsfaktor der Grundwelle des Ständerfeldes auf Ständerwicklung bezogen, $k_5$, $k_7$, $k_{11}$ usw. die Wicklungsfaktoren der Oberwellen des Ständerfeldes auf Ständerwicklung bezogen bedeuten. Dreyfus (17) hat diese Reihe summiert und daraus den Streukoeffizienten $\sigma_1 = \varepsilon_1 - 1$ ermittelt:

$$(66)\qquad \sigma_1 = 0{,}00215 + \frac{0{,}10885}{g_1^2}.$$

Für die Ständerstreuung setzt man $\sigma_1$ und $g_1$, für die Läuferstreuung $\sigma_2$ und $g_2$ ein. Die Summe der beiden gibt den Gesamt-Streufaktor für die Spaltstreuung der Maschine.

Um zum Streuleitwert zu gelangen, muß man erst von der Feldkurve zum Streufluß übergehen. Die Amplitude der Feldkurve $y_{1m}$ ergab sich aus Gl. (31), der Mittelwert dieser Sinuskurve ist $\frac{2}{\pi}$ mal so groß. Was dort für den Magnetisierungsstrom gesagt wurde, gilt hier für den Belastungsstrom $I_2'$ bzw. $I_2$, denn diese Ströme erregen die beiden Felder, welche einander bis auf die die Streuung erregenden Oberwellen kompensieren. Man kann also schreiben:

$$(67)\qquad y_{1\,\text{mitt}} = \frac{2}{\pi} \cdot 2{,}6 \cdot g_1 z_1 I_2' = \frac{2}{\pi} \cdot 2{,}6 \cdot g_2 z_2 I_2.$$

Den Streufluß findet man, indem man diese MMK mit dem Streufaktor und mit der Luftspaltleitfähigkeit des magnetischen Hauptkreises der Maschine $\frac{l \cdot \tau_p}{2 \cdot \delta'}$ multipliziert, denn dieser Streufluß durchsetzt ja nur den Luftspalt und schließt sich über die Zahnköpfe, ohne weiter in das Eisen einzudringen. Man kann also, wenn man $\sigma_1 + \sigma_2 = \sigma_z$ setzt, den gesamten Streufluß $\Phi_z$ der Spaltstreuung finden zu:

$$(68)\qquad \Phi_z = \frac{4\pi}{10^9}\,\frac{2}{\pi}\,2{,}6\, g_1 z_1 I_2' \frac{l\tau_p}{2\delta'}\sigma_z.$$

Wie bei den anderen Streuungen kann man den Streufluß aber auch in folgender Weise schreiben, wenn man die Streuleitfähigkeit unter einer Polteilung mit $\Lambda_z$ bezeichnet:

$$\Phi_z = \frac{4\pi}{10^9} g_1 z_1 I_2' \sqrt{2} \cdot 2 \Lambda_z \,. \tag{69}$$

Dividiert man Gl. (68) durch Gl. (69), so erhält man für eine Schleifringmaschine:

$$\Lambda_z = 0{,}293 \, \frac{l \cdot \tau_p}{\delta'} \sigma_z \,, \quad \text{oder:} \tag{70}$$

$$\Lambda_z = \left(0{,}00126 + 0{,}03195 \cdot \frac{g_1^2 + g_2^2}{g_1^2 \cdot g_2^2}\right) \frac{l \cdot \tau_p}{\delta'} \,. \tag{71}$$

Für Kurzschlußläufer hat Dreyfus (18) einen Streufaktor gefunden, der von den anderen sehr verschieden ist:

$$\sigma_{zk} = 3{,}29 \cdot \frac{p^2}{Z_2^2} \,, \tag{72}$$

wo $Z_2$ die Läufernutenzahl bedeutet. Die Streuleitfähigkeit für eine Maschine mit Kurzschlußläufer $\Lambda_{zk}$ wird daher:

$$\Lambda_{zk} = \left(0{,}00063 + \frac{0{,}03195}{g_1^2} + 0{,}965 \, \frac{p^2}{Z_2^2}\right) \frac{l \tau_p}{\delta'} \,. \tag{73}$$

Zur Unterdrückung von Geräuschen werden die Nuten meist des Läufers geschrägt (Abb. 5). Dadurch ergibt sich nach Dreyfus für den geschrägten Teil der Wicklung ein zusätzlicher Streufaktor $\sigma_{zv}$, wenn die Nutenzahl $Z$ und die Schrägung in Nutenteilungen $\xi$ bedeutet:

$$\sigma_{zv} = 3{,}29 \, \xi^2 \, \frac{p^2}{Z^2} \,. \tag{74}$$

Auch die Breite der Nutenschlitze hat einen Einfluß auf die Spaltstreuung, der aber gering ist, wie man schon aus Abb. 16 ersehen kann. Dort sind nämlich die Nuten geschlossen angedeutet, wären sie offen, so würden bei den Treppen die senkrechten Linien durch schräge ersetzt werden müssen. Die Differenzflächen werden dann etwas kleiner, also verringert sich die Spaltstreuung ein wenig. Eine Sättigung der Zahnköpfe hat dieselbe Wirkung wie eine Vergrößerung der Schlitzbreite. Beide Einflüsse sind also meist vernachlässigbar gering. Zusammenfassend kann man die Streuleitfähigkeit der

Spaltstreuung einer dreiphasigen Schleifringmaschine schreiben als $\Lambda_{zs}$, wenn die Ständernutung geschrägt ist:

$$(75) \quad \Lambda_{zs} = \left(0{,}00126 + 0{,}032 \frac{g_1^2 + g_2^2}{g_1^2 g_2^2} + \frac{0{,}0268}{g_1^2} \xi^2\right) \frac{l \tau_p}{\delta'}$$

und die Streuleitfähigkeit der Spaltstreuung einer Kurzschlußmaschine mit geschrägter Läufernutung $\Lambda_{zk}$ mit einer kleinen Umformung der Gl. (74) durch Einführung von $p$ und $Z_2$ als:

$$(76) \quad \Lambda_{zk} = \left[0{,}00063 + \frac{0{,}032}{g_1^2} + 0{,}965\,(1 + \xi^2) \frac{p^2}{Z_2^2}\right] \frac{l \tau_p}{\delta'} .$$

Man kann nunmehr die gesamten Streuleitfähigkeiten zusammenfassen und die gesamte Streuspannung der Maschine $E_s$ berechnen, indem man mit $\lambda'_{n1}$ den Streuleitwert der Ständernut, mit $\lambda'_{n2}$ den Streuleitwert der Läufernut, mit $\Lambda_s$ die Streuleitfähigkeit der Wickelkopfstreuung und mit $\Lambda_z$ die Streuleitfähigkeit der Spaltstreuung, wenn es sich um die Streuung der Belastungsströme, oder der primären Zahnkopfstreuung $\Lambda_{z0}$, wenn es sich um die Streuung des Leerlaufstromes handelt. Man erhält dann:

$$(77) \quad E_s = I'_2 \cdot x ,$$

wo $x$ den Streublindwiderstand der Maschine in Blindohm bedeutet:

$$(78) \quad x = \omega \cdot 4\pi \cdot 10^{-9} \cdot p \cdot g_1^2 \cdot z_1^2 \cdot 2\left[\left(\frac{k_{w1}\,\lambda'_{n1}}{g_1} + \frac{k_{w2}\,\lambda'_{n2}}{g_2}\right) l + c \cdot \Lambda_s + \Lambda_z\right] ,$$

wobei $\omega$ die Kreisfrequenz $2\pi f$ bedeutet. Für den Leerlaufstrom setzt man in Gl. (77) anstatt $I'_2$ einfach $I_0$ und anstatt $x$, $x_1$. Allerdings setzt sich $x_1$ nur zusammen aus der Ständernutenstreuung, der Wickelkopfstreuung und der primären Zahnkopfstreuung, so daß man schreiben muß:

$$(79) \quad x_1 = \omega \cdot 4\pi \cdot 10^{-9} \cdot p \cdot g_1^2 z_1^2 \cdot 2\left(\frac{k_{w1}\,\lambda'_{n1}}{g_1} \cdot l + \Lambda_s + \Lambda_{z0}\right) .$$

$\Lambda_{z_0}$ ist ein Teil der Streuleitfähigkeit der Spaltstreuung, also stets in ihr enthalten.

## 5. Kreisdiagramm

Man kann die in Abb. 9 dargestellten räumlichen, über die Bohrung weghuschenden Wellen der Spannungen, Ströme und des Flusses ebenso auch zeitlich betrachten, weil sie alle mit Synchrondrehzahl in derselben Drehrichtung umlaufen. An Stelle solcher zeitlicher Wellendiagramme setzt man aber gern Vektordiagramme, wie sie insbesondere für die Darstellung der Vorgänge im Transformator üblich sind. Bei Vernachlässigung des Leerlaufstromes und unter Voraussetzung konstanten Streublindwiderstandes findet man bei Veränderung des Belastungs-Wirkwiderstandes, also auch des Belastungsstromes, als Ortskurve für die Endpunkte der Stromvektoren einen Kreis. Mit Hilfe dieses Kreises kann man für jeden Strom seine zugehörige Phasenverschiebung gegen die Spannung bestimmen.

Bei der Induktionsmaschine nimmt der Leerlaufstrom Werte an, die gegen die Größen der Belastungsströme nicht vernachlässigt werden dürfen, will man nicht erhebliche Fehler, insbesondere in den Winkeln, zulassen. Es sind daher schon sehr früh Kreisdiagramme entwickelt worden, die den Leerlaufstrom und damit den Unterschied in Größe und Phasenlage zwischen Primär- und Sekundärstrom berücksichtigen. Das erste brauchbare Kreisdiagramm dieser Art ist von A. Heyland (19, 20) entwickelt worden. Wenige Jahre später stellte G. Ossanna (21) ein „genaues" Kreisdiagramm auf und fand später (22) Beziehungen zwischen Drehmoment, Leistung, Schlupf, Strömen und Wirkungsgrad. Andere Darstellungen des Kreisdiagrammes stammen von I. L. la Cour (23), R. Richter (24), A. Fränkel (25), H. Hemmeter (26), W. Krämer (27) und anderen. In der Folge wird ein vom Verfasser (28) entwickeltes vereinfachtes Kreisdiagramm verwendet, dessen Ableitung sehr einfach ist und das nur geringe Abweichungen vom sog. „genauen" Kreisdiagramm aufweist.

Vorausgesetzt sei, daß die Netzspannung $U_1$ (Phasenspannung in $V$) konstant ist. Im Leerlauf fließt im Ständer der Leerlaufstrom $I_0$, der sich nach Gl. (39) aus Magnetisierungsstrom $I_\mu$ und Eisenverluststrom $I_e$ zusammensetzt, im Läufer fließt überhaupt kein Strom, wenn man die Maschine reibungslos annimmt oder sie mit Synchrondrehzahl künstlich antreibt. Der Leerlaufstrom verursacht in der Ständerwicklung einen durch den Ohmschen Widerstand bedingten Wirkspannungsabfall $I_0 r_1$ und einen durch den Streublindwiderstand bedingten Blindspannungsabfall $I_0 x_1$. Diese Spannungsabfälle subtrahieren sich vektoriell von der Netzspannung $U_1$ zur Leerlauf-EMK $E_0$, welche im Leerlauf den Fluß $\Phi$ durch die Maschine treibt.

Bei Belastung fließen außer dem Leerlaufstrom in Ständer- und Läuferwicklung die Belastungsströme $I_2'$ und $I_2$, deren Verhältnis sich aus Gl. (11) ergibt. $I_2'$ setzt sich mit $I_0$ vektoriell zum primären Belastungsstrom $I_1$ zusammen nach der Vektorgleichung:

$$I_1 = I_2' \hat{+} I_0 \,. \tag{80}$$

Bekanntlich gilt für Vektoraddition das Gesetz, daß die Summe der Produkte der Komponentvektoren mit einem Skalar gleich ist dem Produkte des resultierenden Vektors mit demselben Skalar. Man kann also im Ständerkreis die Spannungsabfälle von $I_2'$ und $I_0$ getrennt behandeln, ihre Resultierende ergibt den resultierenden Spannungsabfall von $I_1$.

Zur Erläuterung der Vorgänge ist in Abb. 17 das Ersatzschaltbild der Induktionsmaschine dargestellt. $r_1$ und $r_2'$ stellen die Wirkwiderstände der Ständer- und (auf die Ständerseite

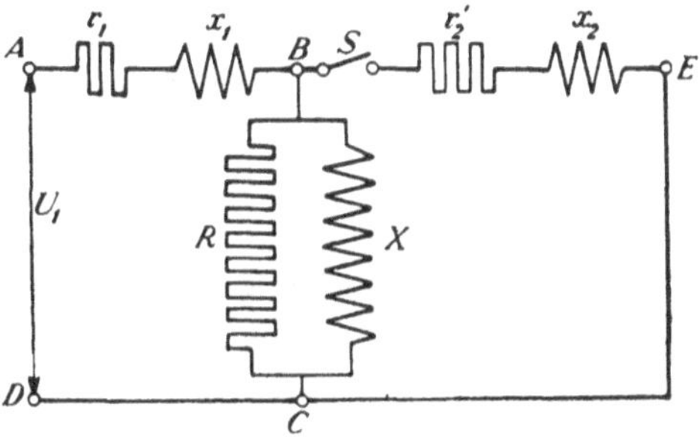


Abb. 17. Ersatzschaltbild einer Induktionsmaschine mit Eisenverlusten

umgerechnet) der Läuferwicklung dar, $R$ stellt einen den Eisenverlusten entsprechenden Wirkwiederstand dar, $X$ ist der dem magnetischen Widerstande des ganzen magnetischen Hauptkreises entsprechende Blindwiderstand. $x_1$ ist der Streublindwiderstand des Ständerkreises, $x_2$ der auf den Ständerkreis umgerechnete Streublindwiderstand des Läuferkreises. Da $\Lambda_{z0}$ ein Teil von $\Lambda_z$ und $c \cdot \Lambda_s$ ein Teil von $\Lambda_s$ ist, kann man schreiben:

$$x_2 = x - x_1 \tag{81}$$

$$= \omega \cdot 4\pi \cdot 10^{-9} \cdot p g_1^2 z_1^2 \cdot 2 \left( \frac{k_{w2} \cdot \lambda'_{n2}}{g_2} \cdot l - (1-c)\Lambda_s + \Lambda_z - \Lambda_{z0} \right) .$$

Bei Leerlauf ist Schalter $S$ geöffnet, $I_0$ fließt durch den Kreis $ABCD$ und spaltet sich über $X$ und $R$ in die Komponenten $I_\mu$ und $I_e$. Zwischen $B$ und $C$ wirkt die EMK $E_0$. Belastet man mit dem Strom $I_2'$, so ist $S$ geschlossen, auf Strecke $\overline{AB}$ überlagert sich $I_2'$ über $I_0$ und durchfließt dieselben Widerstände $r_1$ und $x_1$, die EMK zwischen $B$ und $C$ wird jetzt $E_1 < E_0$.

Die Luftspaltleistung ist die ganze durch den Luftspalt (beim Motor vom Ständer auf den Läufer, beim Generator vom Läufer auf den Ständer) übertragene Leistung. Da sie vom Drehfluß allein getragen wird, welcher im Ständer die EMK $E_1$ nach Gl. (5), im Läufer die EMK $E_2$ nach Gl. (6) induziert, so gilt:

$$N_\delta = m \cdot E_1 \cdot I_2 \cdot \cos \varphi_2 = m \cdot I_2 \cdot \frac{E_2}{s} \cdot \cos \varphi_2 . \tag{82}$$

Hierin bedeutet $\varphi_2$ den Phasenwinkel zwischen $E_2$ und $I_2$. Nun ist:

$$E_2 \cos \varphi_2 = I_2 r_2 , \tag{83}$$

bezeichnet man:

$$\frac{r_2}{s} = \left(\frac{w_2}{w_1}\right)^2 \cdot r_2' , \tag{84}$$

so ergibt sich die Luftspaltleistung $N_\delta$ als:

$$(85)\qquad N_\delta = m \cdot I_2^2 \cdot \frac{r_2}{s} = m \cdot I_2'^2 \cdot r_2'.$$

Man kann mit Gl. (10) und Gl. (84) bei Umrechnung von $x_2$ auf die Läuferwicklung auch schreiben:

$$(86)\qquad E_1 = \frac{w_1}{w_2} \cdot \frac{E_2}{s} = I_2' \cdot \sqrt{r_2'^2 + x_2^2}.$$

An Stelle des Ohmschen Widerstandes der Läuferwicklung tritt also im Ständer ein Wirkwiderstand $r_2'$ auf, der proportional ist $\frac{r_2}{s}$, also vom Schlupf abhängt. Nur bei Stillstand des Läufers, also für $s = 1$ wird $r_2' = \left(\frac{w_1}{w_2}\right)^2 \cdot r_2$.

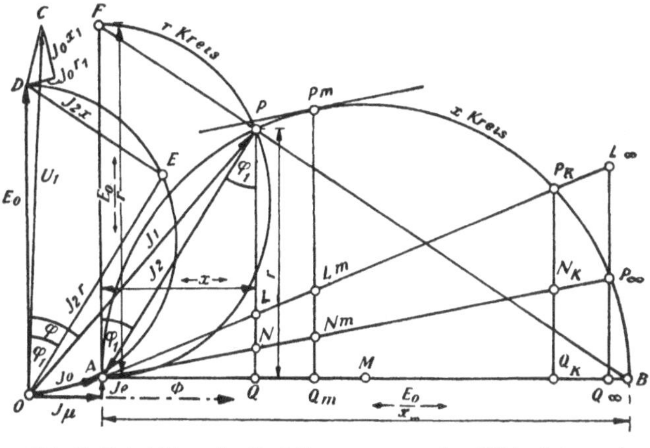

Abb. 18. Entwicklung des Kreisdiagrammes aus dem Vektordiagramm

In Abb. 18 wird nunmehr die Entwicklung des Kreisdiagrammes dargestellt. Der Einfachheit halber sei zunächst die Größe und Richtung der Leerlauf-EMK $E_0$ eingetragen, bzw. die ihr entgegenwirkende Spannungskomponente. Ihr folgt um $90^0$ der Magnetisierungsstrom nach, in Phase mit ihr liegt der Eisenverluststrom $I_e$. Aus der Vektorsumme beider ergibt sich Lage und Größe des Leerlaufstromes $I_0$. Setzt man die Spannungsabfälle $I_0 r_1$ in Phase mit $I_0$ und $I_0 x_1$ senkrecht auf $I_0$ zu $\overline{OD} = E_0$ hinzu, so erhält man die Netzspannung $U_1 = \overline{OC}$. In Phase mit $I_\mu$ verläuft natürlich der Fluß $\Phi$. Die Spannungsabfälle von $I_0$ im Hauptkreise betragen insgesamt höchstens 5% von $U_1$, somit wird $E_0$ größer als 95% von $U_1$. $I_0$ ändert sich mit $E_1$. Bei Kurzschluß wird $E_1$ etwa 50% von $U_1$ werden, mithin geht dann $I_0$ auf die Hälfte des Leerlaufwertes zurück. Der Spannungsabfall von $I_0$ würde also auf die Hälfte von 5%, also 2,5% zurückgehen. Damit würde $E_0$ von 95% auf 97,5% von $U_1$ steigen, sich also im ganzen Bereich der Belastung um höchstens 2,5% ändern. Man kann daher sagen:

$E_0$ bleibt bei allen Belastungen nahezu unverändert.

Belastet man jetzt die Maschine im Läufer mit dem Strome $I_2$, so ergibt sich für einen Phasenwinkel $\varphi_1$ zwischen $E_0$ und $I_2$ die Zusammensetzung der Stromvektoren zum Dreieck $OAP$ mit den Seiten $I_0$, $I_2$ und $I_1$. Da der Spannungsabfall von $I_0$ schon berücksichtigt ist, so braucht man bloß so zu rechnen, als ob die EMK $E_0$ nur den Strom $I_2'$ durch den Hauptkreis von $A$ über $B$, $E$ und $C$ nach $D$ treiben würde. Damit ist das Ersatzschaltbild Abb. 17 durch ein Schaltbild ersetzt, bei dem zwischen den Klemmen $A$ und $D$ die (konstante) EMK $E_0$ herrscht und der Leerlaufstrom nicht zwischen den Punkten $B$ und $C$, sondern zwischen $A$ und $D$ fließt, also entsprechend $E_0$ konstant angenommen wird.

Der einfacheren Betrachtung wegen sei hier die für Vektordiagramme allgemein übliche Voraussetzung gemacht, daß Ständer und Läufer gleiche Windungszahlen besitzen, daß also das Übersetzungsverhältnis = 1 ist:

$$w_1 = w_2 \,. \tag{87}$$

Bei verschiedenen Windungszahlen müssen alle Widerstände und die von ihnen abhängigen Größen nach Gl. (84) umgerechnet werden, also im Verhältnis $\left(\frac{w_1}{w_2}\right)^2$.

Man kann für den Kreis $ABECD$ in Abb. 17 alle Wirkwiderstände zusammenfassen und ihre Summe mit $r$ bezeichnen:

(88) $$r = r_1 + \frac{r_2}{s},$$

die Zusammenfassung der Streublindwiderstände für denselben Kreis $x$ ist schon in Gl. (78) erfolgt. Dann gilt für die durch $I_2$ verursachten Spannungsabfälle das Allgemeine Ohmsche Gesetz:

(89) $$E_0^2 = I_2^2(r^2 + x^2).$$

Über $E_0$ in Abb. 18 einen Halbkreis geschlagen, erhält man $\overline{OE} = I_2 r$ und $\overline{ED} = I_2 x$, dabei ist $I_2 r$ parallel und $I_2 r$ senkrecht zu $I_2$. Aus diesem Dreieck findet man:

(90) $$\frac{\overline{OE}}{\overline{ED}} = \frac{r}{x} = \operatorname{cotg} \varphi_1 .$$

Aus Gl. (89) und (90) findet man zwei Gleichungen für den Strom $I_2$:

(91) $$I_2 = \frac{E_0}{x\sqrt{\operatorname{cotg}^2 \varphi_1 + 1}} = \frac{E_0}{x} \cdot \sin \varphi_1 \qquad \text{und}$$

(92) $$I_2 = \frac{E_0}{r \cdot \sqrt{1 + \operatorname{tang}^2 \varphi_1}} = \frac{E_0}{r} \cdot \cos \varphi_1 .$$

Beide Gleichungen sind Kreisgleichungen und besagen, daß der Schnittpunkt $P$ der Stromvektoren $I_1$ und $I_2$ bei konstantem $x$ auf einem Kreise wandert, dessen Durchmesser $\frac{E_0}{x}$ ist, für einen gegebenen Widerstand $r$ fließt in den Wicklungen ein ganz bestimmter Strom $I_2$, dessen Größe und Richtung durch den Punkt $P$ gegeben ist, der sich jetzt als Schnittpunkt des $\frac{E_0}{x}$-Kreises (in Zukunft einfach $x$-Kreis) mit dem $\frac{E_0}{r}$-Kreis (weiterhin einfach $r$-Kreis) darstellt. Ändert sich die Belastung, also auch der Schlupf der Maschine, so ändert sich $r$ und damit der $r$-Kreis, so daß ein anderer Schnittpunkt $P$, also auch ein anderer Strom $I_2$, zustande kommt, was ja eben der neuen Belastung entspricht.

Die Lage der Kreisdurchmesser ergibt sich aus $r = 0$ für den $x$-Kreis, dann ist aber $\varphi_1 = 90^0$, d. h. der Kreishalbmesser steht senkrecht zur Richtung $E_0$ oder parallel zu $\Phi$; ebenso aus $x = 0$ für den $r$-Kreis, wenn $\varphi_1 = 0$ ist, d. h. der Kreishalbmesser steht senkrecht auf $\Phi$ oder parallel zu $E_0$. Für $I_2 = 0$ (Leerlauf) fällt der Punkt $P$ mit $A$ zusammen, mithin ist $A$ ein Punkt beider Kreise. Die Kreisdurchmesser findet man, indem man in $P$ eine Senkrechte auf $I_2$ errichtet, sie trifft den Halbmesser des $x$-Kreises in $B$ und den Halbmesser des $r$-Kreises in $F$. Lotet man von $P$ auf $\overline{AB}$, so stellt $PQA$ ein ähnliches Dreieck zu $OED$ dar, also ist $\overline{PQ} \sim r$ und $\overline{AQ} \sim x$.

Die Abweichung von dem Hemmeterschen (26) „genauen" Kreisdiagramm ist sehr gering. Der Kreisdurchmesser ist praktisch derselbe, denn nach Hemmeter würde in Gl. (91) im Zähler die Netzspannung ($U_1$ anstatt $E_0$), im Nenner als Zusatzglied noch der Ausdruck $\frac{U_1}{I_0} \cdot \sin^2 \alpha$ erscheinen, wo $\alpha$ den Phasenwinkel zwischen $U_1$ und $E_0$ bedeutet, also eine sehr kleine Größe hat, so daß dieser ganze Ausdruck sehr klein wird. Der Kreismittelpunkt liegt bei Hemmeter etwas höher als in Abb. 18, man muß sich die Strecke $\overline{AB}$ (Kreisdurchmesser) um den Winkel $\alpha$ nach oben geschwenkt denken. Wegen der viel einfacheren Ableitung der Beziehungen ist hier auf diese etwas größere Genauigkeit verzichtet worden.

Die elektrische Ständerleistung $N_1$ läßt sich darstellen als:

$$N_1 = m \cdot U_1 \cdot I_1 \cdot \cos \varphi \,, \tag{93}$$

wo $\varphi$ der Winkel zwischen $U_1$ und $I_1$ ist. Bei Leerlauf stellt sich die elektrische Ständerleistung $N_0$ dar als:

$$N_0 = N_e + m \cdot I_0^2 r_1 + N_r \,, \tag{94}$$

wo $N_r$ die Reibungsverluste bedeutet. Man kann nun mit einiger Annäherung $N_1$ zerlegen in einen Teil $N_1$, der der EMK $E_0$ entspricht, und in die Leerlaufleistung $N_0$:

$$N_1 = N_1' + N_0 \,, \tag{95}$$

wo $N_1'$ sich zusammensetzt aus den Stromwärmeverlusten des Belastungsstromes $I_2$ in der Ständerwicklung und aus der Luftspaltleistung $N_\delta$:

(96) $$N_1' = N_{1v} + N_\delta\,, \quad \text{wo:}$$

(97) $$N_{1v} = m \cdot I_2^2 r_1\,.$$

Die Bedeutung von $N_1'$ geht aus Abb. 18 klar hervor. Da die Stromwärmeverluste von $I_0$ (einschließlich $I_e$) durch die Leerlaufleistung $N_0$ schon abgeglichen wurden, wird nämlich $N_1'$ durch die Strecke $\overline{PQ} = I_2 \cos\varphi_1$ dargestellt, es ist also $N_1' \sim \overline{PQ}$. Führt man in Gl. (96) die Ausdrücke aus Gl. (85) und (97) ein, so findet man:

(98) $$N_1' = m \cdot I_2^2 \left(r_1 + \frac{r_2}{s}\right) \sim \overline{PQ}\,.$$

In Abb. 19 ist ein nach obigem Verfahren aufgestelltes Kreisdiagramm einer Induktionsmaschine abgebildet, die Bezeichnungen sind dieselben wie in Abb. 18, nur ist alles Störende weggelassen. Hält man den kurzgeschlossenen Läufer fest (Stillstand), so ist $s = 1$, der Belastungsstrom ist jetzt Kurzschlußstrom $I_{2k}$ und verursacht nur Stromwärmeverluste. Wir erhalten somit:

(99) $$N_{1k}' = m \cdot I_{2k}^2 (r_1 + r_2) \sim \overline{P_k Q_k}\,.$$

Treibt man die Maschine mit der Drehzahl $\infty$ in beliebiger Richtung an, so wird $s = \infty$, also $\frac{r_2}{s} = 0$, also $r = r_1$ und in Abb. 18:

(100) $$N_{1\infty}' = m \cdot I_{2\infty}^2 \cdot r_1 \sim \overline{P_\infty Q_\infty}\,.$$

Man sieht, daß die Ordinaten $\overline{PQ}$ im Kreise bei gegebenem Strom $I_2$ stets proportional sind den Widerständen, also $\overline{PQ} \sim r_1 + \frac{r_2}{s}$. Zieht man daher die Geraden $\overline{AP_k}$ und $\overline{AP_\infty}$, so teilt nach den Gl. (99) und (100) die Gerade $\overline{AP_\infty}$ die Strecke $\overline{P_k Q_k}$ in die Teilstrecken $\overline{P_k N_k} \sim r_2$ und $\overline{N_k Q_k} \sim r_1$. Somit ist aber stets, für jeden Strom, zu setzen:

(101) $$r_1 \sim \overline{NQ} \quad \text{und}$$

(102) $$\frac{r_2}{s} \sim \overline{PN}\,.$$

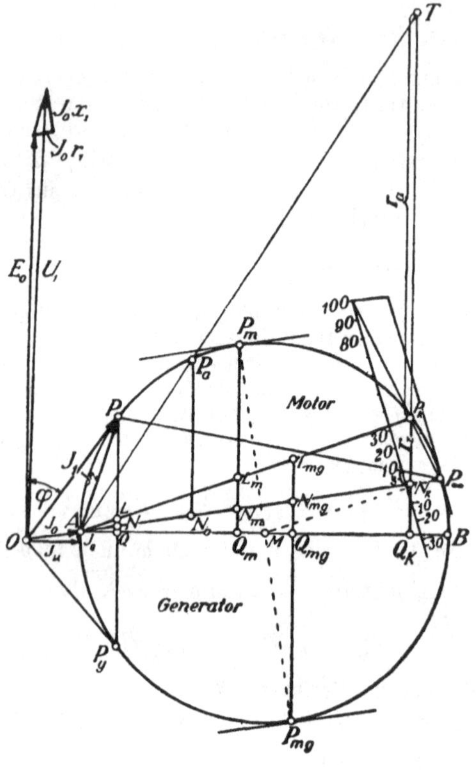


Abb. 19. Kreisdiagramm der Induktionsmaschine

Man erhält aus Abb. 19 die Läufer-Kurzschlußleistung $N_{2k}$ zu:

$$N_{2k} = m \cdot I_{2k}^2 r_2 \sim P_k N_k , \tag{103}$$

also ganz allgemein die elektrische Läuferleistung $N_2$, wenn man sie ganz allgemein als sekundäre Wirkbelastung beim Motor oder, mit negativem Vorzeichen, als über die Schleifringe zugeführte elektrische Leistung beim Generator betrachtet, zu:

$$(104) \qquad N_2 = m \cdot I_2^2 r_2 \sim \overline{LN}\,.$$

Die Luftspaltleistung $N_\delta$ (Watt), welche proportional dem Drehmoment $M$ (mkg) ist, läßt sich darstellen als:

$$(105) \qquad N_\delta = m \cdot I_2^2 \cdot \frac{r_2}{s} = 9{,}81 \cdot \frac{\pi n_1}{30} \cdot M \sim \overline{PN}\,.$$

Die mechanische, über die Welle gehende Leistung $N_m$, welche auch die Reibungsleistung $N_r$ enthält, ist die Differenz aus Luftspaltleistung und elektrischer Läuferleistung:

$$(106) \qquad N_m = N_\delta - N_2 = m \cdot I_2^2 r_2 \cdot \frac{1-s}{s} \sim \overline{PL}\,.$$

Für den Schlupf erhält man dann den einfachen Ausdruck:

$$(107) \qquad s = \frac{N_2}{N_\delta} = \frac{\overline{LN}}{\overline{PN}}\,.$$

Die Abschnitte $\overline{PN}$ stellen, wie gezeigt, die Luftspaltleistungen, also auch Proportionale zu den Drehmomenten dar (da $n_1 = \text{const.}$), man nennt daher die Gerade $\overline{AP_\infty}$ die Drehmomentgerade. Die Abschnitte $\overline{PL}$ stellen nach obigem die mechanischen Leistungen $N_m$ dar, man nennt daher die Gerade $\overline{AP_k}$ die Leistungsgerade. Der Kreisdurchmesser $\overline{AB}$ bedeutet widerstandslose Maschine, da ja dann $r_1$ und $r_2$ Null sein müssen, man nennt daher die Strecke $\overline{AB}$ auch den „ideellen Kurzschlußstrom". Das Kippmoment $M_m$ findet man in einfacher Weise, indem man an den Kreis eine zu $\overline{AP_\infty}$ parallele Tangente führt:

$$(108) \qquad M_m \sim \overline{P_m N_m}\,.$$

Die Bedeutung des Läuferwiderstandes geht aus Abb. 19 ebenfalls klar hervor. Vergrößert man $r_2$, so steigt $P_k$ im Kreise immer höher, die Strecke $\overline{P_k N_k}$ wird größer. Vergleicht man mit Gl. (105), so sieht man, daß $\overline{P_k N_k}$ das Anlaßmoment der Maschine darstellt. Vergrößert man also den Läuferwiderstand, so vergrößert man das Anlaßmoment $M_a$, bis man schließlich das Kippmoment $M_m$ erreicht. Vergrößert man den Läuferwiderstand noch weiter, dann wandert $P_k$ noch weiter nach links, das Anlaßmoment wird wieder kleiner. Will man ein bestimmtes Anlaßmoment $M_a = \overline{P_a N_a}$ erzielen und dabei den Anlaßstrom nicht größer haben als notwendig, so braucht man nur die in Abb. 19 dargestellte Konstruktion durchzuführen: man zieht durch $P_a$ die Gerade $\overline{AP_a}$ und verlängert sie bis zum Schnitt mit der Senkrechten $\overline{Q_k P_k}$ in $T$, dann stellt die Strecke $\overline{N_k T}$ den erforderlichen Läuferwiderstand dar. Ist bei einem Schleifringmotor der Läuferwiderstand mit $r_2$ gegeben, so muß man in den Kurzschlußkreis noch den Anlaßwiderstand $r_a$ hinzuschalten.

Dem Kippmoment $M_m$ entspricht der Kippstrom $I_{2m}$ im Läufer bzw. $I_{1m}$ im Ständer. Der Kippschlupf $s_m$ ist eine charakteristische Größe der Maschine, weil er Rückschlüsse auf den Läuferwiderstand zu ziehen erlaubt. Nach Gl. (107) kann man schreiben:

$$(109) \qquad s_m = \frac{N_{2m}}{N_{\delta m}} = \frac{\overline{L_m N_m}}{\overline{P_m N_m}} ,$$

worin $N_{2m}$ sich ausrechnen läßt als:

$$(110) \qquad N_{2m} = m \cdot I_{2m}^2 \cdot r_2 ,$$

und nach Gl. (105) erhält man die Luftspalt-Kippleistung $N_{\delta m}$:

$$(111) \qquad N_{\delta m} = 9{,}81 \cdot \frac{\pi n_1}{30} \cdot M_m \sim \overline{P_m N_m} .$$

Da der $x$-Kreis wie der $r$-Kreis die geometrischen Örter der Endpunkte von Stromvektoren sind, so ist das Kreisdiagramm im Strommaßstab gegeben und alle daraus abgelesenen Größen sind ebenfalls Ströme, man muß daher auf dem Wege über die konstante EMK $E_0$ alle Leistungen und Verluste auf Strom umrechnen. Für die Aufzeichnung des Kreises wählt man einen Strommaßstab, z. B. $1\,A = 1$ mm. Dann berechnet man mit $I_0, r_1$, und $x_1$ aus $U_1$ die Leerlauf-EMK $E_0$ und erhält den Kreisdurchmesser (ideellen Kurzschlußstrom) $I'_{ki2}$ zu:

$$(112)\qquad I'_{ki2} = \frac{E_0}{x}.$$

Ebenso kann man mit $r_1$ und $r'_2$ den Durchmesser des Widerstandskreises (ideellen Widerstandsstrom) $I'_{ri2}$ ermitteln zu:

$$(113)\qquad I'_{ri2} = \frac{E_0}{r_1 + \left(\frac{w_1}{w_2}\right)^2 \cdot r_2}.$$

Der Schnittpunkt dieser beiden Kreise gibt $P_k$. Aus dem Verhältnis von $r_1$ zu $r_2$ ermittelt man den Punkt $N_k$ und damit $P_\infty$, welchen Punkt man übrigens auch durch einen $r$-Kreis für $r_2 = 0$ ermitteln kann. Da nunmehr Kurzschlußstrom $I'_{2k}$ und Strecke $\overline{P_k N_k} \sim \left(\frac{w_1}{w_2}\right)^2 \cdot r_2$ bekannt sind, kann man aus Gl. (103) $N_{\delta k}$ berechnen und hat damit den Leistungsmaßstab $N_{\delta k}$ (Watt) $= \overline{P_k N_k}$ (mm). Aus Gl. (26) berechnet man das Drehmoment $M$ und findet so den Drehmomentmaßstab $M$ (mkg) $= \overline{P_k N_k}$ (mm). Der Schlupf für jeden Belastungspunkt ergibt sich nach Gl. (27).

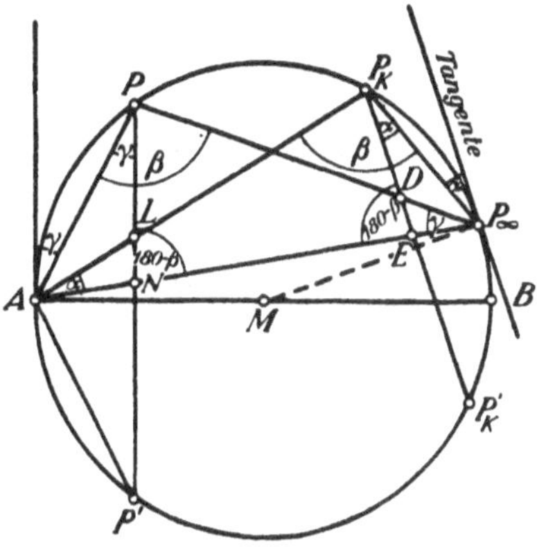

Abb. 20. Ermittlung der Schlupfgeraden

Wie gezeigt, kann man aus Abb. 19 mit Leichtigkeit den Schlupf ermitteln, wenn nur der Strommaßstab groß genug gewählt wurde. Für viele Aufgaben fordert man ein noch rascheres und sichereres Ablesen des Schlupfes. In Abb. 20 ist ein einfaches Verfahren zur Schlupfablesung dargestellt. Gegeben sei der $x$-Kreis und auf ihm die Punkte $P_k$ und $P_\infty$ und außerdem ein beliebiger Belastungspunkt $P$. In $P_\infty$ sei eine

Tangente an den Kreis gezogen ($\perp$ zu $\overline{MP_\infty}$), ebenso in $A$ ($\perp$ zu $\overline{AB}$). Man findet auf Grund gleicher Sehnen denselben Winkel $\alpha$ in $A$, $P_k$ und $P_\infty$, und ebenso den Winkel $\gamma$ in $A$, $P$ und $P_\infty$. Der $\sphericalangle\,\beta$ in $P$ und $P_k$ ist auch ein Peripheriewinkel über gleicher Sehne $\overline{AP_\infty}$, somit erhält man in $P_\infty$ $\beta-\gamma$ und in $P_k$ $\beta-\alpha$. Aus $\Delta\,A\,E\,P_k$ ergibt sich:

$$(114)\qquad \sphericalangle\,AEP_k = 180^0-\alpha-(\beta-\alpha) = 180^0-\beta\,,$$

ebenso ergibt sich aus $\Delta\,P\,N\,P_\infty$:

$$(115)\qquad \sphericalangle\,PNP_\infty = 180^0-\gamma-(\beta-\gamma) = 180^0-\beta\,,$$

daher muß sein:

$$(116)\qquad \sphericalangle\,ANL = \sphericalangle\,DEP_\infty = \beta\,.$$

Auf Grund der Gleichheit dieser Winkel findet man die Dreieckähnlichkeiten:

$$\Delta\,A\,N\,L \sim \Delta\,P_k\,E\,P_\infty \quad \text{und} \quad \Delta\,A\,N\,P \sim \Delta\,D\,E\,P_\infty$$

und daraus die Beziehungen:

$$(117)\qquad \frac{\overline{LN}}{\overline{EP_\infty}} = \frac{\overline{AN}}{\overline{EP_k}} \quad \text{und}$$

$$(118)\qquad \frac{\overline{EP_\infty}}{\overline{NP}} = \frac{\overline{DE}}{\overline{AN}}\,.$$

Multipliziert man die beiden Gleichungen miteinander, so findet man:

$$(119)\qquad s = \frac{\overline{LN}}{\overline{NP}} = \frac{\overline{DE}}{\overline{EP_k}}\,.$$

Man wähle also eine in hundert gleiche Teile geteilte gerade Strecke und verschiebe sie in Abb. 19 parallel zur Tangente an $P_\infty$ solange, bis ihr unteres Ende die Drehmomentgerade $\overline{AP_\infty}$ und ihr oberes Ende die verlängerte Gerade $\overline{P_\infty P_k}$ trifft. Zieht man nun vom jeweiligen Belastungspunkte $P$ aus einen Strahl nach $P_\infty$, so schneidet dieser Strahl auf der hundertteiligen Strecke einen Abschnitt ab, dessen Anzahl Teile den Schlupf in Prozenten für die betreffende Belastung ergibt.

Aus Abb. 19 ersieht man, daß vom Leerlaufpunkt angefangen die Drehmomente mit zunehmendem Strom $I_1$ größer werden, bis der Punkt $P_m$ erreicht ist. Eine weitere Vergrößerung des Stromes über den Kippunkt $P_m$ hinaus bedeutet eine Verringerung des Drehmomentes und eine weitere Vergrößerung des Schlupfes. Das bedeutet aber, daß die Maschine bei Überlastung über das Kippmoment hinaus stehenbleiben muß, man spricht dann von einem „labilen Verhalten" der Maschine. Da im labilen Teil des Kreisdiagrammes die Ströme bei sehr schlechten Leistungsfaktoren ($\cos \varphi$) sehr groß werden, verlegt man den Anlaßvorgang möglichst in den stabilen Teil, d. h. man wählt die entsprechend großen Anlaßwiderstände, soweit das irgendwie möglich erscheint.

## 6. Leerlauf- und Kurzschlußversuch

Man kann das Kreisdiagramm der Induktionsmaschine auf Grund zweier Versuche aufzeichnen: des Leerlauf- und des Kurzschlußversuches, wenn man außerdem wenigstens den Ständerwiderstand $r_1$ kennt.

Der Leerlaufversuch wird so durchgeführt, daß man an die Ständerwicklung die Netzspannung $U_1$ anlegt und die Maschine bei kurzgeschlossenem Läufer leer, d. h. mit nahezu Synchrondrehzahl $n_1$, laufen läßt. Man könnte die Maschine auch mit genauer Synchrondrehzahl antreiben, doch wirkt sich dann leicht der Hysteresissprung im Drehmoment, der später behandelt wird, störend aus. Gemessen werden: $U_1$, $N_0$, $I_0$ und $N_r$, dadurch sind gegeben $\varphi_0$ und $N_e$ wie folgt:

$$\cos \varphi_0 = \frac{N_0}{m \cdot U_1 I_0}, \tag{120}$$

$$N_e = N_0 - m \cdot I_0^2 \cdot r_1 - N_r. \tag{121}$$

Der Kurzschlußversuch wird in der Regel mit stark verringerter Spannung und Netzfrequenz so durchgeführt, daß bei festgebremstem und kurzgeschlossenem Läufer die Ständerspannung so weit heruntergeregelt wird, daß der Ständer ungefähr Nennstrom aufnimmt. Man kann bei einiger Vorsicht den Versuch auch mit Nennspannung ausführen, doch erhält man dann keinen Punkt des beschriebenen Kreises, wie später gezeigt wird. Gemessen werden: $U_{1k}$ (die „Kurzschlußspannung"), $N_{1k}$ (die „Kurzschlußleistung") und $I_{1k}$ (der „Kurzschlußstrom"). Daraus errechnet man $\varphi_k$:

$$\cos\varphi_k = \frac{N_{1k}}{m\cdot U_{1k}\cdot I_{1k}}. \tag{122}$$

Man legt nun nach Wahl eines Strommaßstabes die Richtung von $U_1$ fest, damit hat man aber Größe und Richtung von $I_0 = \overline{OA}$ und Größe und Richtung von $I_{1k}$, letzteren Wert im Verhältnis $\frac{U_1}{U_{1k}}$ umgerechnet, somit auch die Lage von $P_k$. Aus Gl. (39) und (121) errechnet man $I_\mu$, dessen Richtung durch einen Halbkreis über $\overline{OA}$ und den Abschnitt $I_e$, von $A$ aus aufgetragen, festliegt. $I_e$ ergibt sich aus Gl. (29), indem man darin anstatt $E_0$ setzt: $0{,}95 \div 0{,}97\cdot U_1$, je nach der Größe der Maschine. Senkrecht zu $I_\mu$ steht $E_0$, deren Richtung somit festliegt, fest liegen auch die Richtung und Größe von $I_0 r_1$ und die Richtung von $I_0 x_1$. Verschiebt man die Strecke $I_0 r_1$ parallel zu $I_0$ so lange, bis ihr einer Endpunkt den von $C$ ausgehenden auf $I_0$ senkrecht stehenden Strahl $I_0 x_1$, ihr anderer Endpunkt den Strahl $\overline{OD}$ berührt, so erhält man die Größen $I_0 x_1$ und $E_0 = \overline{OD}$.

Der Durchmesser des $x$-Kreises liegt parallel zu $I_\mu$, also senkrecht zu $E_0$ und geht durch $A$ hindurch. Die Senkrechte auf $\overline{AP_k}$ schneidet den Kreisdurchmesser in $B$, womit der Kreis festliegt. Da die Kurzschlußleistung auf $U_{1k}$ bezogen bekannt ist, braucht man sie nur im Verhältnis $\left(\frac{U_1}{U_{1k}}\right)^2$ umzurechnen, sie entspricht der Strecke $\overline{P_k Q_k}$ und damit der Widerstandssumme $r_1 + r_2$ im Diagramm, wenn man von ihr nach Gl. (95) die Leerlaufleistung $N_0$ abgezogen hat. Mit $\overline{AP_k} = I_{2k}$ berechnet man die Ständer-Kurzschlußleistung $N_{1vk}$:

$$N_{1vk} = m I_{2k}^2 \cdot r_1. \tag{123}$$

Da nach dem vorigen auch $N'_{1k}$ bekannt ist, kann man aus Gl. (99) und (123) $r_2$ ermitteln. Damit liegt aber auch die Drehmomentgerade fest. Eine Drehmomentmessung beim Kurzschlußversuch, wie sie meist durchgeführt wird, gibt meist sehr unsichere Werte, schon wegen der Unsicherheit in der Konstanthaltung der niedrigen Kurzschlußspannung. Richtig ist es dagegen, beim Kurzschlußversuch den Läufer in mehrere Stellungen zu drehen und als Meßergebnis den Mittelwert der gemessenen Stromwerte zu benützen, weil beim Kurzschlußversuch die Spaltstreuung, die ja in jeder Läuferstellung anders ist, einen wesentlichen Einfluß auf den Kurzschlußstrom ausübt.

## 7. Heylandkreis, Schlupfbeziehungen

Vernachlässigt man den Ohmschen Spannungsabfall in der Ständerwicklung oder betrachtet man ihn als konstant, nimmt man also an: nicht die Netzspannung, sondern die Ständer-EMK $E_1$ bleibe konstant, so wandert in Abb. 19 der Punkt $P_\infty$ nach $B$ und man erhält den Heylandkreis, der heute wegen seiner Einfachheit noch oft verwendet wird. Kloß (20) hat auf der Grundlage des Heylandkreises eine einfache Beziehung zwischen Drehmoment und Schlupf abgeleitet, welche hier in neuer Fassung gebracht werden soll.

In Abb. 21 ist der Heylandkreis dargestellt, Drehmomentgerade ist jetzt der Kreisdurchmesser $\overline{AB}$, das Kippmoment $M_m$ wird durch $\overline{P_m M}$ dargestellt. Bildet man das Verhältnis Drehmoment $M$ zu Kippmoment $M_m$, so kann man nach Gl. (107) und (109) schreiben:

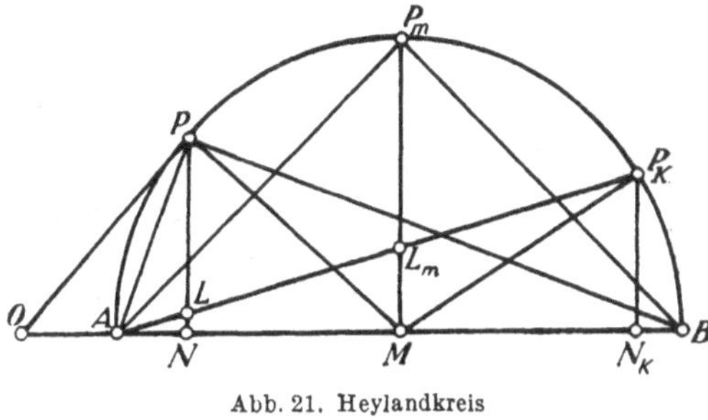


Abb. 21. Heylandkreis

$$(124)\qquad \frac{\overline{NP}}{\overline{MP}_m} = \frac{M}{M_m} = \frac{\overline{LN}}{\overline{L_m M}} \cdot \frac{s_m}{s} = \frac{\overline{AN}}{\overline{AM}} \cdot \frac{s_m}{s}.$$

Aus Abb. 21 findet man:

$$(125)\qquad \overline{MP}_m = \overline{MP} = \overline{AM} = R$$

und aus Gl. (124) und (125) ist:

$$(126)\qquad \overline{AN} = R \cdot \frac{M}{M_m} \cdot \frac{s}{s_m}.$$

Aus Dreieck $M\,N\,P$ ergibt sich die Kreisgleichung:

$$(127)\qquad \overline{MN}^2 + \overline{NP}^2 = R^2 = (R - \overline{AN})^2 + \overline{NP}^2.$$

Dividiert man durch $R^2$, so erhält man nach Einsetzen von Gl. (126):

$$(128)\qquad \left(1 - \frac{M}{M_m} \cdot \frac{s}{s_m}\right)^2 + \left(\frac{M}{M_m}\right)^2 = 1,$$

woraus man nach einfacher Umformung erhält:

$$(129)\qquad \frac{M}{M_m} = \frac{2}{\frac{s_m}{s} + \frac{s}{s_m}}.$$

Diese Gleichung kann man in einfacher Weise in Kurvenform darstellen, wenn man das Verhältnis $\frac{M}{M_m} = y$ und das Verhältnis $\frac{s}{s_m} = x$ nennt, dabei kann $x$ jeden Wert von $-\infty$ über 0 nach $+\infty$ annehmen, während $y$ nur Werte von 0, über $-1$, 0, über $+1$, bis 0 annehmen kann. Man kann diese Kurve sehr genau zeichnen, weil man ihre Tangenteneigenschaften leicht bestimmen kann. Ist $x$ sehr groß, so gilt angenähert: $y = \frac{2}{x}$, also Hyperbel, d. h. die Kurve schmiegt sich für große Werte von $\pm x$ einer Hyperbel an. Ist $x$ sehr klein, so gilt angenähert: $y = 2x$, also Ursprungsgerade, d. h. im Punkte $x = 0$ ist die Gerade $y = 2x$ Tangente an die Kurve. Für $x = 1$ erhält man aus der Hyperbel- wie aus der Geradengleichung $y = 2$ mit $+$ oder $-$ Vorzeichen je nach dem Vorzeichen von $x$.

In Abb. 22 ist der positive Teil dieser Drehmoment-Schlupfkurve dargestellt. Der Teil mit positivem $x$ und $y$

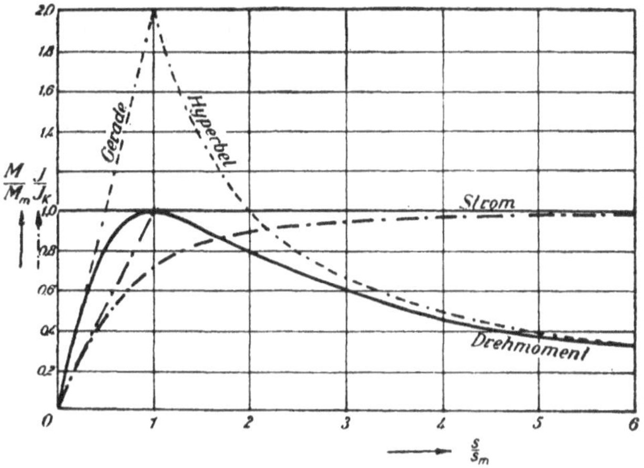


Abb. 22. Ideales Diagramm für die Abhängigkeit des Drehmomentes und Stromes vom Schlupf

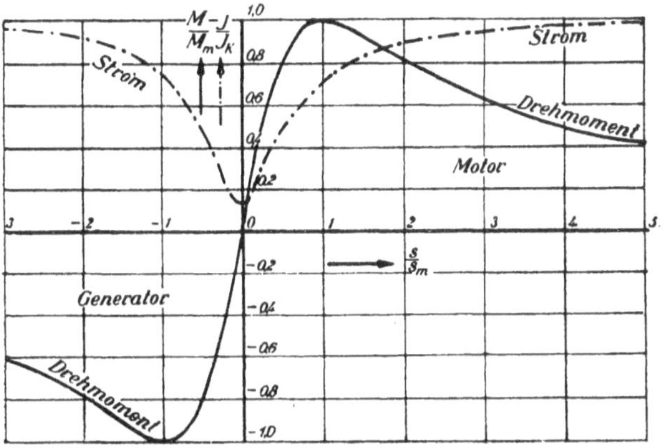


Abb. 23. Wirkliches Diagramm für die Abhängigkeit des Drehmomentes und Stromes vom Schlupf

gilt für den Motor, der mit negativem $x$ und $y$ für den Generator. In Abb. 23 ist punktweise die Drehmoment-Schlupfkurve unmittelbar aus dem Kreisdiagramm der Abb. 19 abgegriffen. Ein Vergleich mit der Abb. 22 ergibt Abweichungen vor allem dann, wenn man auf den Generatorteil übergeht, was sich aus der Unmöglichkeit der genauen Berücksichtigung der Ständer-Stromwärmeverluste im Heylandkreis erklärt. Abb. 22 ist also hauptsächlich theoretisch zu werten, aber wegen ihrer Einfachheit für die klare Erfassung der Vorgänge in der Induktionsmaschine von großer Bedeutung.

Setzt man $s = 1$ (Stillstand), so geht Gl. (129) in die Form über:

$$(130) \qquad \frac{M_a}{M_m} = \frac{2}{s_m + \frac{1}{s_m}},$$

wo $M_a$ das Anlaßmoment ist. Bezeichnet man mit: $y_a = \frac{M_a}{M_m}$ das Verhältnis von Anlaßmoment zu Kippmoment und mit $x_a = \frac{1}{s_m}$ den reziproken Wert des Kippschlupfes, so findet man im Diagramm Abb. 22 den Anlaß- oder Stillstandspunkt. Den Kippschlupf $s_m$ kann man nach den Gl. (109) bis (111) ausrechnen, wenn man aus Abb. 19 den Kippstrom $I_{2m}$ abgreift, $s_m$ hängt, wie Gl. (110) zeigt, vom Läuferwiderstand $r_2$ ab. Vergrößert man $r_2$, so vergrößert man $s_m$ und, wie schon früher gezeigt und wie aus Abb. 22 hervorgeht, das Anlaßmoment $M_a$. Für $s_m = 0{,}2$ ist $\frac{M_a}{M_m} = 0{,}385$, weil $x_a = 5$ ist. Will man mit Kippmoment anfahren, so muß $r_2$ so groß gewählt werden, daß $s_m = 1$ wird. Vergrößert man $r_2$ darüber hinaus, dann wird $M_a$ wieder kleiner, aber auch der Anlaßstrom $I_a$ wird kleiner. Man kann also die Vergrößerung des Läuferwiderstandes zur Strombegrenzung ausnützen.

Verfolgt man die Drehmomentkurve über $x = 1$ hinaus, so sieht man, daß mit zunehmendem $x$, also zunehmendem Schlupf, das Drehmoment abnimmt. Ein solches Verhalten nennt man „labil“, daher nennt man diesen Teil der Kurve für $x = \frac{s}{s_m} > 1$ den labilen Ast der Drehmomentkurve, während der Teil der Kurve zwischen $x = -1$ und $x = +1$ der stabile Ast der Drehmomentkurve genannt wird. Labil ist auch das Verhalten für $x < -1$, d. h., auch der Generator darf nicht über das Kippmoment hinaus belastet werden, sonst gibt er eine mit zunehmendem Schlupf abnehmende Leistung ab, d. h. er bzw. seine Antriebsmaschine kann durchgehen.

Aus Abb. 21 kann man auch Beziehungen zwischen Belastungsstrom und Schlupf ableiten. Wir finden:

$$\overline{AP}_m^2 = 2R^2 \quad \text{und:} \tag{131}$$

$$\overline{AP}^2 = \overline{AN}^2 + \overline{NP}^2 = R^2 \cdot \frac{M^2}{M_m^2} \cdot \frac{s^2}{s_m^2} + \overline{NP}^2 . \tag{132}$$

Bezeichnet man nach Abb. 21 den Belastungsstrom $\overline{AP}$ mit $I$, den ideellen Kurzschlußstrom $\overline{OB}$ mit $I_{ki}$ und den Magnetisierungsstrom $\overline{OA}$ mit $I_\mu$, dann ist die Strecke $\overline{AB} = I_{ki} - I_\mu$. Man findet dann aus Abb. 21

$$\frac{\overline{AP}^2}{\overline{AB}^2} = \frac{\overline{AP}^2}{2\,\overline{AP}_m^2} = \frac{I^2}{(I_{ki} - I_\mu)^2} \tag{133}$$

$$= \frac{1}{4}\left(\frac{M^2}{M_m^2} \cdot \frac{s^2}{s_m^2} + \frac{\overline{NP}^2}{R^2}\right) = \frac{1}{4} \cdot \frac{M^2}{M_m^2}\left(\frac{s^2}{s_m^2} + 1\right).$$

Setzt man den Ausdruck für $\frac{M}{M_m}$ aus Gl. (129) ein, so erhält man

$$\frac{I}{I_{ki} - I_\mu} = \sqrt{\frac{\frac{s}{s_m}}{\frac{s_m}{s} + \frac{s}{s_m}}} . \tag{134}$$

In Abb. 22 ist für das Verhältnis $\frac{I}{I_{ki} - I_\mu} = z$ in Abhängigkeit von $\frac{s}{s_m} = x$ eine Kurve aufgetragen, deren Tangenteneigenschaften sich ähnlich wie früher finden lassen. Für $x$ sehr klein ist $z = x$, somit liegt bei gleichen Ordinaten- und Abszissenmaßstab die Anfangstangente unter 45°; für $x$ sehr groß ist $z = 1$, Asymptote für $x = \infty$ ist also eine zur Abszissenachse parallele Gerade im Abstand 1. Diese Kurve stellt den sekundären Belastungsstrom im Verhältnis zum sekundären, ideellen Kurzschlußstrom dar. Man begeht keinen großen Fehler, wenn man an Stelle des Verhältnisses $\frac{I}{I_{ki} - I_\mu}$ den Ausdruck $\frac{I_1}{I_{ki}}$ oder $\frac{\overline{OP}}{\overline{OB}}$ setzt. Nur bei sehr kleinen Belastungen würde die Kurve dann nicht mehr übereinstimmen. Verschiebt man den Anfangspunkt der Kurve von Null in die Ordinate $\frac{I_\mu}{I_{ik}}$, dann hat man annähernd den Stromverlauf in Abhängigkeit vom Schlupf.

Aus Abb. 21 kann man auch den günstigsten Leistungsfaktor $\cos \varphi_{\max}$ finden, man erhält

$$\cos \varphi_{\max} = \frac{I_{ki} - I_\mu}{I_{ki} + I_\mu}. \tag{135}$$

## 8. Abweichungen vom Kreisdiagramm

Voraussetzung für die Aufstellung jedes Kreisdiagrammes ist konstante Permeabilität. Bei allen Eisensorten ist jedoch im Sättigungsbereich die Zunahme der Induktion weit geringer als die der Feldstärke. Bei hohen Stromstärken sättigt der Streufluß, der einzelne Teile des magnetischen Hauptpfades gemeinsam mit dem Hauptfluß durchsetzt, das Eisen dieser Teile. Dadurch wird der Streublindwiderstand verkleinert (30) und der Kurzschlußstrom nach Gl. (112), also auch der Kreisdurchmesser, vergrößert. In Wirklichkeit liegen also die Belastungspunkte $P$ nicht auf einem Kreise, sie sind vielmehr Einzelpunkte einzelner Kreise, die verschiedenen magnetischen Sättigungszuständen entsprechen. Bis zur Nennlast ist die Abweichung vom ungesättigten Zustande gering, sie kann aber im Kurzschluß mehr als 30% betragen, so daß Kurzschlußstrom und Anlaßmoment weit größer werden als dem theoretischen Kreisdiagramm entspricht.

## V. Gegenstrombremse

Wird der Läufer der Induktionsmaschine gegen die Drehfeldrichtung gedreht, so wird sein Schlupf $s > 1$. Das Drehmoment der Maschine, das in Richtung des Drehfeldes also gegen das antreibende Moment wirkt, wird kleiner als ihr Anlaßmoment; beim Schlupf $s = \infty$ würde es Null werden. Dementsprechend stellt sich auch die Luftspaltleistung ein, sie sinkt mit zunehmendem Schlupf vom Stillstandswert $N_{\delta k}$ bis Null (bei $s = \infty$) ab. In Abb. 19 ist der Bereich zwischen $P_k$ und $P\infty$ der Bremsbereich. Aus dieser Abb. kann man die einzelnen Größen und ihre Beziehungen zueinander ablesen. Man findet:

für $P = P_k$ $(s = 1)$, $N_\delta = N_2$, $N_1' = N_{1v} + N_2 = N_{1v} + N_\delta$, $N_m = 0$;

für $P$ zwischen $P_k$ und $P_\infty$ $(\infty > s > 1)$, $N_\delta < N_2$, $N_1' < N_{1v} + N_2$, $N_m = N_2 - N_\delta$,

für $P = P_\infty$ $(s = \infty)$, $N_\delta = 0$, $N_1' = N_{1v}$, $N_m = N_2$.

Aus diesen Beziehungen geht hervor, daß die Maschine auch als Bremse elektrische Leistung aus dem Netz aufnimmt, die sich in Ständeverlustleistung und Luftspaltleistung spaltet. Soll die Bremsleistung $N_m$ groß werden, muß die Läuferverlustleistung $N_2$ groß gehalten werden, man muß also den Läuferwiderstand vergrößern. Man vergrößert zweckmäßig $N_m$, indem man in der Differenz $N_2 - N_\delta$ $N_\delta$ möglichst klein hält, was man dadurch erreichen kann, daß man in den Läufer soviel Widerstand einschaltet, daß der Punkt $P_k$ links von $P_m$ in die Gegend des Nennlastpunktes fällt, also in den stabilen Ast der Drehmoment-Schlüpfungskurve. In diesem Falle steigt das Bremsmoment mit zunehmender Antriebsdrehzahl an.

Mit dieser „Gegenstrombremsung" kann nach diesen Überlegungen keine Stromrückgewinnung erreicht werden. Kurzschlußmotoren eignen sich auch nicht für Gegenstrombremsung, weil der Läuferwiderstand groß gewählt werden müßte und damit der Wirkungsgrad zu gering würde. Die Gegenstrombremsung wird häufig bei Hebezeugantrieben verwendet, sie ermöglicht eine sehr feinfühlige Lastsenkung, verursacht aber auch eine starke Erwärmung der Maschine.

## VI. Induktionsgenerator

Dreht man den Läufer in Richtung des Drehfeldes mit übersynchroner Drehzahl, so verbraucht die Maschine an der Welle ein Drehmoment und gibt an das Drehstromnetz elektrische Leistung ab. Das kann man aus Abb. 19 deutlich erkennen, denn der Punkt $P$ wandert jetzt über $A$ nach unten, so daß $\overline{P_g Q}$ negativ wird, also Umkehrung des Energieflusses. Der Leerlaufstrom bleibt dabei unverändert, d. h. die Maschine fordert als Generator wie als Moter ihren Nagnetisierungsstrom aus dem Netz an, sie verbraucht Blindleistung. Will man das Netz von dieser Blindleistung entlasten, so muß man dem Läufer eine Drehspannung und damit einen Drehstrom zuführen, dessen Größe und Richtung vollkommen der Größe und Richtung von $I_0$ (Übersetzungsverhältnis 1 vorausgesetzt) entspricht.

In Abb. 23 ist die Drehmoment-Schlupfkurve nach dem Kreisdiagramm der Abb. 19 dargestellt. Beim Durchgang durch den Synchronismus findet man stets einen um die Abszissenachse gleichmäßig nach oben und unten liegenden Drehmomentsprung: den Hysteresissprung. Wie schon früher gezeigt (S. 30), werden die Läufer-Hysteresisverluste stets durch die mechanische Leistung gedeckt. Unterhalb des Synchronismus kommt diese Leistung im Wege über die Luftspaltleistung aus dem Ständer und damit aus dem Netz, über Synchronismus kehrt die Luftspaltleistung ihr Vorzeichen um und wird von der über die Welle zugeführten mechanischen Leistung gedeckt. Ein Teil des zugeführten Drehmoments deckt jetzt das Hysteresismoment. Dementsprechend liegt das Hysteresismoment unter Synchronismus oberhalb, über Synchronismus unterhalb der Abszissenachse. Der Wechsel tritt unmittelbar im Synchronismus ein, wo das doppelte Hysteresismoment als Hysteresissprung erscheint.

Je größer die Generatorbelastung, um so größer der negative Schlupf. Es gibt für den Generator genau so ein Kippmoment wie für den Motor, jedoch ist der Kippschlupf anders und das Kippmoment auch. Belastet man den Generator über den Kippschlupf hinaus, so verhält er sich labil, d. h. er gibt mit zunehmender Drehzahl weniger Last ab und dementsprechend wird auch sein Belastungsdrehmoment kleiner. Eine in der Drehzahl nicht begrenzte Antriebsmaschine würde ihn also immer weiter unbegrenzt beschleunigen. Daher darf man den Generator nie bis zum Kippmoment belasten.

Betrachtet man wieder Abb. 18, so kann man verschiedene Belastungsphasen unterscheiden, je nachdem, wo sich der Punkt $P$ befindet. Liegt der Punkt $P$ zwischen $A$ und $P_k$, so ist die Maschine Motor: die Energie wandert vom Netz über Ständer und Luftspalt in den Läufer, wo sie in elektrische Läuferleistung und mechanische Leistung gespalten wird, welch letztere an der Welle als Drehmoment mal Drehzahl auf die Last wirkt. In $P_k$ ist die Drehzahl Null, die mechanische Leistung Null, es ist nur ein Anlaßmoment vorhanden, die aus dem Netz aufgenommene Leistung deckt nur die Verluste der Maschine.

In $P_\infty$ ist die Luftspaltleistung Null, d. h. die Ständerverluste werden vom Netz, die Läuferverluste mechanisch über die Welle zugeführt. Zwischen $P_\infty$ und $B$ kehrt die Luftspaltleistung ihre Richtung um, einen Teil der Ständerverluste deckt das Netz.

Eigentliche Induktionsgeneratoren sind selten, man verwendet sie heute nur in Kaskadenschaltung mit einer Drehstromkommutatormaschine, welche den Erregerstrom liefert. Durch geeignete Wahl und Einstellung der Kommutatormaschine kann man Blindstrom und Spannung des Induktionsgenerators einstellen und damit die auf das Netz übertragene Leistung regeln. Häufig nützt man die Generatoreigenschaft der Induktionsmaschine bei übersynchronem Lauf zur Nutzbremsung aus, indem man beispielsweise bei Hubwerken, Fahrzeugen u. dgl. beim Senken bzw. bei Talfahrt eine etwas größere Geschwindigkeit zuläßt.

## VII. Schleifringmaschine

Der Aufbau der Schleifringmaschine ist bereits eingangs an Abb. 1 und 2 erläutert worden. Da man über die Schleifringe entweder Widerstände oder andere Stromverbraucher oder Stromquellen in den Läuferkreis einschalten kann, ist es möglich, sowohl die Drehzahl als auch den Leerlaufstrom und sogar eine weitere Blindlast zu regeln. Damit wird man auch von dem durch den Läuferwiderstand bedingten Anlaßmoment unabhängig und kann ein Anlaßmoment bis zur Größe des Kippmomentes einstellen. Schleifringmaschinen verwendet man überall, wo bei geringem Anlaßstrom ein möglichst großes Anlaßmoment gefordert wird, oder wo die Drehzahl in weiten Grenzen geregelt werden soll. Auch kann man über die Schleifringe dem Läufer einen Strom in beliebiger Größe, Frequenz und Phasenlage zuführen, der bei der Übertragung auf den Ständer mit Netzfrequenz in das Netz übergeht, so daß die Maschine als Generator auch Blindstrom in das Netz liefern kann, also wie eine übereregte Synchronmaschine oder wie ein Kondensator wirkt.

## 1. Anlassen, Strombegrenzung

Der Anlaßvorgang eines Induktionsmotors soll möglichst mit konstantem Anlaßstrom und Anlaßmoment erfolgen. Da die VDE-Vorschriften bestimmte Höchstwerte des Anlaßspitzenstromes vorschreiben (im allgemeinen höchstens doppelten Nennstrom), so wird man bei schweren Anlaufverhältnissen die Grenzen möglichst ausnützen. Man wird die Anlaßwiderstände wegen der Kosten des Anlassers nicht mit allzuvielen Stufen ausführen können und so stufen, daß der Strom

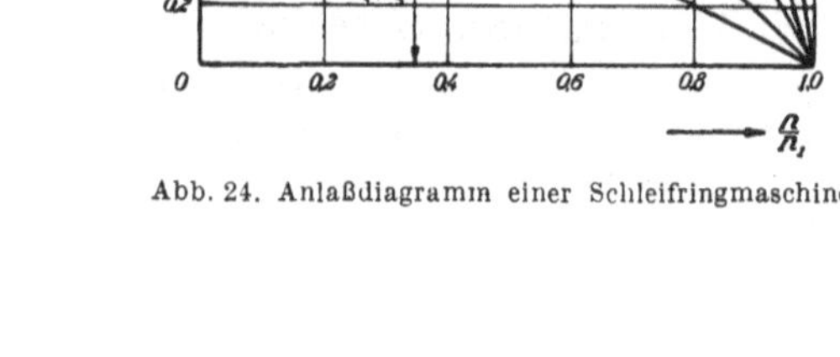


Abb. 24. Anlaßdiagramm einer Schleifringmaschine

zwischen dem zugelassenen Höchstwert und einem durch die Stufenzahl bedingten Kleinstwert schwankt. In Abb. 24 ist der Anlaßvorgang mittels eines vierstufigen Anlassers dargestellt. Die Widerstände sind so groß gewählt, daß sich der ganze Vorgang im stabilen Ast der Drehmomentkurve abspielt. Das Anlaßmoment schwankt zwischen 80% und 50% des Kippmoments, der Anlaßspitzenstrom beträgt 45% des Kurzschlußstromes und schwankt zwischen 45% und 25% des Kurzschlußstromes. Die Drehzahl steigt in der ersten Anlaßstufe von Stillstand bis 45%, in der zweiten bis 70%, in der dritten bis 88% und in der vierten bis 91% der Synchrondrehzahl und erreicht erst nach Kurzschließen der vierten Stufe die Nenndrehzahl.

Man kann auf diese Weise bei Motoren Drehzahlregelung vornehmen, doch ist sie stets mit großen Verlusten verbunden, weil die elektrische Läuferleistung dann stets in Wärme umgesetzt werden muß.

## 2. Kurzschluß- und Bürstenabhebevorrichtung

Man kann den Wirkungsgrad eines Schleifringmotors dadurch verbessern, daß man nach vollendetem Anlaßvorgang die Läuferwicklung unmittelbar kurzschließt und danach auch noch die Bürsten abhebt, weil man dadurch die Bürstenreibung und die Stromübergangsverluste an den Bürsten einspart. Stets müssen dabei die Schaltvorgänge in folgender Reihe stattfinden: erst kurzschließen, dann Bürsten abheben. Vor dem Öffnen des Kurzschlusses müssen die Bürsten aufliegen.

In Abb. 25 ist eine derartige Kurzschluß- und Bürstenabhebevorrichtung eines 2500 kW-Drehstrommotors der Allgemeinen Elektricitätsgesellschaft, Berlin dargestellt. Der Schleifringkörper trägt Messerkontakte, die mit je einem Schleifring verbunden sind. Am Bocklager der Schleifringseite befindet sich eine Handradwelle an der ein Exzenter befestigt ist, der beim Drehen des Handrades die Kurzschlußgabel um eine Drehachse so bewegt, daß in die Gabel eingeschraubte Mitnehmerbolzen, die in eine Ringnut der auf der Schleifringbuchse geführten Kurzschlußbuchse eingreifen, diese achsial verschieben. An der Kurzschlußbuchse sind Kontaktfedern befestigt, die beim Kurzschließen über die Messerkontakte geschoben werden.

Abb. 25. Kurzschluß- und Bürstenabhebevorrichtung der Allgemeinen Elektricitätsgesellschaft, Berlin

Die Bürstenbolzen sind drehbar, sie tragen Abhebestücke, in die Kurvennuten eingefräst sind; in diese fassen Mitnehmerstifte der Kurzschlußgabel. Diese Nuten sind so gestaltet, daß erst bei Weiterbewegung der Gabel über den eingeleiteten Kurzschluß hinaus die Bürstenbolzen gedreht und die auf ihnen festsitzenden Bürstenhalten von den Schleifringen abgehoben werden. Bei der Anordnung von mehr als zwei Bürstenbolzen am Umfang sind diese mit Gelenkstücken und Gestänge verbunden. Für Fernsteuerung tritt an Stelle des Handrades ein motorischer Antrieb mit Getriebeübersetzung. Ein Verriegelungskontakt verhindert über eine Auslösespule des Motorschutzschalters ein Wiedereinschalten des Motors bevor die Handradwelle auf Anlaßstellung zurückgedreht ist.

Es sind auch selbsttätige Anlaßvorrichtungen gebaut worden, die gleich im Läufer eingebaut sind, also Schleifringe gänzlich vermeiden. Sie sind aber nur für kleine Motorleistungen ausführbar, teuer und wenig zuverlässig.

## VIII. Frequenzwandler

Kuppelt man eine Induktionsmaschine I mit Schleifringläufer mit einer anderen elektrischen Maschine II, deren Drehzahl konstant, jedoch wesentlich größer oder kleiner ist als die Synchrondrehzahl der Induktionsmaschine, so kann man mit diesem Maschinensatz Frequenz wandeln. Schaltet man nämlich die Ständerwicklung der Induktionsmaschine I an ein Drehstromnetz $A$ konstanter Spannung $U_1$ und Frequenz $f_1$, so erhält man an den Schleifringen eine andere Spannung und Frequenz gemäß Gl. (4) bzw. (10). Verbindet man die Schleifringe der Maschine I mit einem zweiten Drehstromnetz $B$, das von keiner weiteren Stromquelle gespeist wird, so erhält dieses jetzt die Spannung $U_2$ mit der Frequenz $f_2$, wobei im Leerlauf $U_2$ gleich der Schleifring-EMK $E_2$ ist.

Dreht man den Läufer von I in der Drehrichtung des Drehfeldes mit untersynchroner Drehzahl, so ist I Motor. Die Luftspaltenenergie $N_\delta$ geht vom Ständer in den Läufer und spaltet sich gemäß Gl. (105) in die mechanische Energie $N_m$, welche über Maschine II wieder in elektrische Energie umgewandelt und von ihr als Generator an ihr Netz $C$ abgegeben wird, und in die elektrische Läuferenergie $N_2$, welche an das Drehstromnetz $B$ abgegeben wird. Dreht man den Läufer von I übersynchron in Richtung des Drehfeldes, so ist Maschine I Generator, Maschine II Motor. Letztere entnimmt ihrem Netz $C$ Energie und führt diese mechanisch der Maschine I zu. Im

Läufer von I spaltet sich jetzt die mechanische Energie $N_m$ in die elektrische Läuferenergie $N_2$, welche in das Netz $B$ abgegeben wird, und in die Luftspaltenergie $N_\delta$, welche durch den Luftspalt in den Ständer und von dort abzüglich der Ständerstromwärme- und Eisenverluste in das Netz $A$ abgegeben wird. Diese Drehrichtung wendet man an, wenn man $f_2 < f_1$ erhalten will.

Wichtiger ist die Drehrichtung des Läufers gegen das Drehfeld. Dreht man den Läufer von Maschine I gegen das Drehfeld, so wird $s > 1$ und $f_2 > f_1$. Maschine I nimmt aus Netz $A$ die Ständerstromwärme $N_{v1}$, die Eisenverlustwärme $N_e$ und eine Luftspaltleistung $N_\delta$ auf, welche kleiner ist als die elektrische Läuferleistung $N_2 (N_2 > N_\delta)$. Der andere Teil der elektrischen Läuferleistung wird als mechanische Leistung $N_m$ von der Maschine II, also vom Netz $C$ her, zugeführt. An der Energielieferung in das Netz $B$ sind also Netz $A$ und Netz $C$ beteiligt. Beide Maschinen I und II verhalten sich ihren Netzen $A$ und $C$ gegenüber wie Motoren, doch ist nur Maschine II eigentlich Motor, denn nur sie gibt über die Welle mechanische Energie $N_m$ an Maschine I ab, während letztere ihre eigentliche Luftspaltleistung $N_\delta$ und die ihr zugeführte mechanische Leistung $N_m$ in elektrische Läuferleistung umwandelt und an das Netz $B$ liefert. Gewöhnlich verwendet man zur Frequenzwandlung zwei Induktionsmaschinen verschiedener Polpaarzahl, deren Ständer man an dasselbe Netz $A$ anschließt, so daß Netz $C$ wegfällt.

## IX. Kurzschlußmaschine

Der Aufbau der Kurzschlußmaschine ist eingangs an Abb. 3 erläutert worden. Da der Läufer in sich kurzgeschlossen ist, so liegt der Läuferwiderstand fest, es besteht daher keine Regelmöglichkeit bei Belastung. Damit liegt aber auch die Drehmoment-Drehzahl-Kennlinie fest und, durch den Läuferwiderstand gegeben, auch das Anlaßmoment. Es ist der Fall des Schleifringmotors, wenn man die Schleifringe kurzschließt. Man kann den Läufer mit einer in sich kurzgeschlossenen Phasenwicklung versehen, meist wird er jedoch mit einer Käfigwicklung ausgeführt, wie in den Abb. 3, 5 und 6 bereits dargestellt. Stäbe und Käfig sind dabei gegen das Läufereisen nicht isoliert, um Platz zu sparen.

## 1. Wirkungsweise

Der Läufer ist bei Käfigwicklung nicht dreiphasig wie der Ständer, sondern, falls die Nutenzahl, wie meist, durch die Polpaarzahl teilbar ist, so vielphasig, als Läufernuten auf zwei Polteilungen gehen. Nach dem Transformatorgesetz muß die Ständerfeldwelle bei Belastung durch die Läuferfeldwelle gespiegelt werden, daher entstehen in der Läuferwicklung Oberwellen der Ströme, entsprechend der Ständernutung, und in der Ständerwicklung Oberwellen, entsprechend der Läufernutung.

Betrachtet man nur die Grundwelle der Feldkurve, so gilt nach S. 20 für die Ständerdurchflutung unter der Voraussetzung, daß der Ständer dreiphasig bewickelt ist, also m = 3:

$$\frac{2+\sqrt{3}}{2}\sqrt{2}\,g_1 z_1 I_2' = 1{,}866\,g_1 z_1 I_2' \sqrt{2}\,.$$

Die Läuferdurchflutung erstreckt sich mit ihrer Halbwelle über $\frac{Z_2}{2p}$ Stäbe, wenn die gesamte Läufernutenzahl mit $Z_2$ bezeichnet wird. Somit erhält man für die Läuferdurchflutung den Ausdruck:

$$\frac{2}{\pi}\cdot\frac{Z_2}{2p}\cdot I_{St}\cdot\sqrt{2}\,,$$

wo $I_{St}$ den Stabstrom bedeutet.

Da die beiden Durchflutungen gleich sein müssen, so findet man:

$$\frac{2\cdot Z_2}{\pi\cdot 2p}\cdot I_{St} = 1{,}866\cdot g_1 z_1 I_2' \tag{136}$$

oder, da man auch schreiben kann:

$$6\,p g_1 z_1 = Z_1\,, \tag{137}$$

$$I_{St} = 0{,}98\frac{Z_1}{Z_2}\cdot I_2' = 0{,}93\frac{2\pi p}{Z_2}\,g_1 z_1 I_2'\,. \tag{138}$$

Die Durchflutung einer Polteilung wird in den Kurzschlußringen so zusammengefaßt, daß der halbe Gesamtstrom nach der einen Richtung, die andere Hälfte nach der anderen Richtung (Nachbarpol) fließt, daher ist der Ringstrom gleich der halben Durchflutung einer Polteilung. Man findet daher:

$$I_r \cdot \sqrt{2} = \frac{1}{2} \cdot \frac{2}{\pi} \cdot \frac{Z_2}{2p} \cdot I_{St} \cdot \sqrt{2}, \tag{139}$$

wenn man den Ringstrom mit $I_r$ bezeichnet, daher ist:

$$I_r = 0{,}98 \cdot \frac{Z_1}{2\pi p} \cdot I_2' = 0{,}93\, g_1 z_1 I_2'. \tag{140}$$

Die Läufer-Stromwärmeverluste $N_2$ rechnet man ebenfalls gleich auf die Primärseite (Ständerseite) um und bezeichnet den auf die Ständerseite umgerechneten Läuferwiderstand mit $r_2'$. Man findet

$$\begin{aligned} N_2 &= 3 \cdot I_2'^2 \cdot r_2' = 2\, I_r^2\, r_r + Z_2\, I_{St}^2\, r_{St} \\ &= 1{,}73\, g_1^2 z_1^2 I_2'^2 \left(r_r + \frac{2\pi^2 p^2}{Z_2} \cdot r_{St}\right), \end{aligned} \tag{141}$$

wo $r_r$ den Widerstand eines Kurzschlußringes und $r_{St}$ den eines Stabes bedeuten. Aus dieser Gleichung kann man den Widerstand $r_2'$ ermitteln:

$$r_2' = 0{,}577\, g_1^2 z_1^2 \left(r_r + \frac{2\pi^2 p^2}{Z_2} \cdot r_{St}\right). \tag{142}$$

## 2. Sterndreieckschaltung

Aus Abb. 22 ist ersichtlich, daß bei einem nicht allzu großen Läuferwiderstand der Anlaßspitzenstrom sehr groß werden muß, wenn man den Ständer an Netzspannung legt. Durch Vergrößerung des Läuferwiderstandes kann man den Anlaßstrom zwar verkleinern und das Anlaßmoment steigern, aber man verringert dann in unzulässiger Weise den Wirkungsgrad und kann die Läuferstromwärme nicht abführen. Daher werden Kurzschlußmotoren mit gewöhnlichem Käfigläufer meist in Sternschaltung an das Netz gelegt und nach vollendetem Anlaßvorgang in Dreieck umgeschaltet. In Stern ist die Spannung eines Stranges $\sqrt{3}$mal kleiner als die Netzspannung, ihr entspricht auch der Fluß. Der Strom in dieser Schaltung ist gleich dem Phasenstrom und sei mit $I_\lambda$ bezeichnet. In Dreieckschaltung liegt an jedem Strang die volle Netzspannung, dementsprechend ist der Fluß jetzt $\sqrt{3}$mal so groß wie in Sternschaltung, somit sind auch Läuferspannung und Läuferstrom $\sqrt{3}$mal so groß. In Dreieckschaltung ist aber $I_\triangle$, der Netzstrom, $\sqrt{3}$mal so groß wie der Strangstrom, somit gilt:

(143) $$I_\triangle = 3\, I_\lambda \, .$$

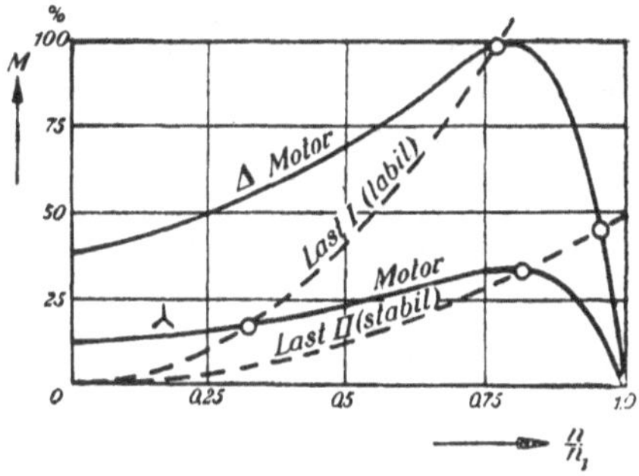


Abb. 26. Drehmoment-Schlupf-Diagramm bei Stern- und Dreieckschaltung

Das Drehmoment ist proportional Fluß mal Strom, es sei bei Sternschaltung mit $M_\lambda$, bei Dreieckschaltung mit $M_\triangle$ bezeichnet, dann gilt:

(144) $$M_\triangle = 3\, M_\lambda .$$

Proportional mit dem Strome geht also auch das Drehmoment bei Sternschaltung auf $^1/_3$ der Größe bei Dreieckschaltung zurück. In Abb. 26 ist für einen Kurzschlußmotor mit 20% Kippschluß die Drehmomentkurve für Stern- und Dreieckschaltung dargestellt. Das Anlaßmoment ist in Stern nur 0,128 des Kippmomentes in Dreieck, der Motor kann also nicht gegen Last anlaufen, man muß ihn leer anlassen, und erst nach Umschaltung auf Dreieck darf man ihn belasten. Eine Ausnahme bilden Belastungsmaschinen, deren Drehmoment im Stillstand Null ist und in Abhängigkeit von der Drehzahl linear oder quadratisch ansteigt. Letzteres ist der Fall bei allen Kreiselmaschinen, wie Pumpen und Lüftern. In Abb. 26 sind zwei solche Drehmomentkurven gestrichelt eingezeichnet. Die obere Kurve I verläuft zu steil, beim Anlassen in Stern würde der Motor nur auf etwa 32% der Synchrondrehzahl kommen, schaltet man jetzt auf Dreieck um, so beschleunigt sich der Motor bis auf etwa 0,77 der Synchrondrehzahl, er läuft also immer im labilen Ast der Drehmomentkurve und nimmt dabei den etwa 0,7fachen Kurzschlußstrom auf, er wird zu heiß und verbrennt, wenn die Sicherungen nicht ansprechen. Die untere Kurve II schneidet die Drehmomentkurve in Sternschaltung bei 0,82 der Synchrondrehzahl also gerade noch im stabilen Ast, beim Umschalten auf Dreieck steigt der Strom auf etwa 0,65fachen Kurzschlußstrom an, aber es ist ein gewaltiges Überschußmoment des Motors vorhanden, das diesen rasch weiter beschleunigt, bis bei etwa 0,955facher Synchrondrehzahl und 0,45fachem Kippmoment der Beharrungszustand eintritt. Auch dieses Moment dürfte im allgemeinen zu hoch sein, wie auch die vorübergehende Stromspitze beim Umschalten unzulässig ist. Der VDE läßt bei Kurzschlußmotoren von 1,5 bis 15 kW und Drehzahlen von 3000 und 1500 ein Verhältnis Anlaßspitzenstrom/Nennstrom von 2,4 für den Anschluß an öffentliche Elektriziätswerke zu. Da das Verhältnis Kurzschlußstrom/Nennstrom bei solchen Motoren zwischen etwa 6 bis 7 liegt, kann man sie eben noch mit Stern-Dreieck anlassen, ohne gegen diese Bedingungen zu verstoßen.

### 3. Stromverdrängungsläufer

In Fällen, in denen die Dreieckschaltung nicht anwendbar ist, sei es, weil ein unmittelbares Einschalten auf volle Netzspannung gefordert wird, sei es, weil ein Anlassen gegen ein großes Lastmoment notwendig ist, verwendet man heute vielfach Kurzschlußmotoren, deren Läuferwicklung einen mit wachsender Frequenz und EMK verhältnismäßig wenig wachsenden Strom aufnimmt. Solche Läufer nennt man Stromverdrängungsläufer, ihre strombegrenzende Wirkung ist auf das Anwachsen des Streublindwiderstandes mit der Frequenz zurückzuführen. Durch geeignete Formgebung der Läuferwicklung, meist der in Nuten gebetteten Stäbe, kann mit der Vergrößerung des Streublindwiderstandes eine Stromverdrängung in den Leitern und damit eine durch die ungleiche Stromverteilung bedingte beträchtliche Widerstandserhöhung erzielt werden, was eine Vergrößerung des Anlaßmoments zur Folge hat. Allerdings bedeutet die Vergrößerung des Streublindwiderstandes auch eine Verschlechterung des Leistungsfaktors, besonders bei Nennlast.

Man unterscheidet heute je nach der Nutung und damit der Wirkungsweise drei Gruppen von Stromverdrängungsläufern, die aber nicht streng zu trennen sind:

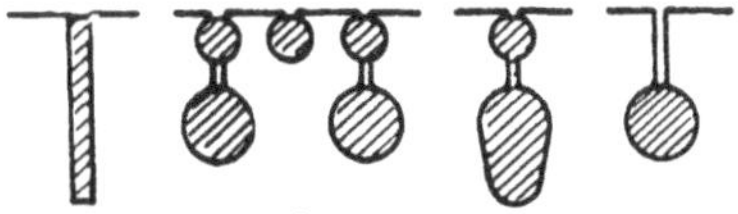


Abb. 27. Verschiedene Nutungen von Stromverdrängungsläufern

a) Tiefnutläufer mit Nutung nach Abb. 27a, bei denen die Stäbe der Käfigwicklung nur im Nutengrund liegen. Sie dienen nur zur Strombegrenzung bei Motoren, welche einen sehr kleinen Anlaßstrom beim unmittelbaren Einschalten aufnehmen sollen und nur ein sehr kleines Anlaßmoment benötigen, wie z. B. bei Deckenlüftern u. dgl. Ihr Leistungsfaktor ist sehr klein, ebenso ihr Kippmoment. In Abb. 28 stellen die mit $I_1$ und $M_1$ bezeichneten Kurven für den Strom bzw. das Drehmoment ihr Verhalten in Abhängigkeit von der Drehzahl dar.

b) Wirbelstromläufer mit Nutung nach Abb. 27b, bei denen die ganze Nut mit dem Stab ausgefüllt ist. Im Stillstande wird der Läuferstrom infolge der Streuung nach außen gedrängt, es tritt dadurch eine starke Erhöhung der Läufer-Stromwärmeverluste ein, die wie eine Widerstandserhöhung wirkt. Dadurch steigt das Anlaßmoment beträchtlich und der Anlaßstrom wird verringert, jedoch nicht so sehr wie beim

Tiefnutläufer, auch der Leistungsfaktor ist besser als bei diesem. In Abb. 28 zeigt $I_2$ bzw. $M_2$ das Verhalten von Strom bzw. Drehmoment in Abhängigkeit von der Drehzahl für den Motor mit Wirbelstromläufer. Man baut solche Motoren bis zu Leistungen von etwa 10 kW und kann sie in groben Betrieben unmittelbar an das Netz legen, wenn die VDE-Vorschriften nicht streng eingehalten werden müssen.

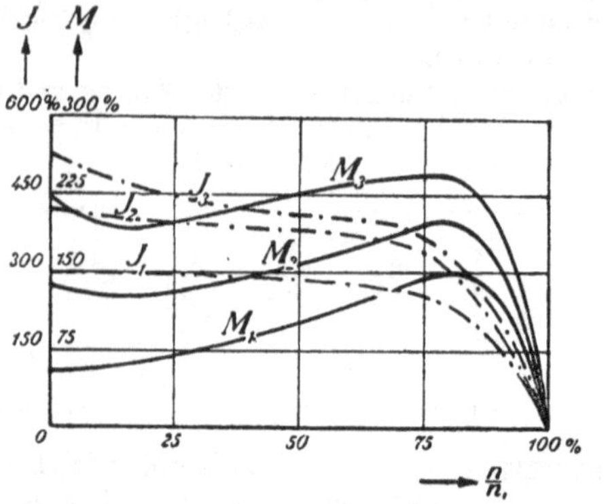


Abb. 28. Drehmoment und Strom in Abhängigkeit von der Drehzahl für verschiedene Arten von Stromverdrängungsmotoren

c) Doppelnutläufer mit Nutung nach Abb. 27c und d, bei denen man eine äußere und eine innere Nutenreihe unterscheidet, welche mittels schmaler radialer Schlitze verbunden sind. Die inneren Nuten besitzen meist weit größere Querschnitte als die der äußeren Reihe, häufig liegt außen die doppelte Nutenzahl wie innen (Abb. 27d). Häufig führt man, wie in Abb. 27c angedeutet, die Läuferwicklung in Aluminium-Spritzguß aus, wobei natürlich auch die Schlitze mit Aluminium vollgefüllt sind, so daß eine Mittelform zwischen Wirbelstromläufer und Doppelnutläufer entsteht. Die stromverdrängende Wirkung ist in diesen Fällen natürlich noch größer als beim Wirbelstromläufer und dementsprechend auch das Anlaßmoment größer, aber auch der Anlaßstrom wird größer, so daß man solche Motoren nicht unmittelbar an das Netz legen kann, man muß sie mit Sterndreieck-Anlasser anlassen. Der Leistungsfaktor ist bei diesen Motoren besser als bei den anderen Gruppen. In Abb. 28 stellen $I_3$ bzw. $M_3$ die Ströme bzw. Drehmomente dieser Motorgruppe dar. Die Ausführung mit vermehrter Nutenzahl im äußeren Käfig ist für ein hohes Anlaßmoment besonders günstig, weil die Streuung des äußeren Käfigs, die bei Stillstand den Hauptanteil der gesamten Läuferstreuung ausmacht, wegen der großen Nutenzahl klein ist.

Eine Abart des Doppelnutläufers ist der in Abb. 29 dargestellte „Dreinutläufer“ der Schorch-Werke. Die äußerste Nutenreihe gehört zu einer einfachen Käfigwicklung mit großem Widerstand. Die in den beiden inneren Nutenreihen liegenden Stäbe sind auf einer Läuferseite ebenfalls mit einem Kurzschlußring verbunden (a), während auf der anderen Läuferseite (b) jeder Stab der zweiten (mittleren) Nutenreihe über einen Bogen von abwechselnd etwa $^5/_6$, $^1/_9$ und $^2/_3$ Polteilung mit einem Stabe der innersten Nutenreihe verbunden ist. Durch diese Anordnung wird die Streuung der inneren Wicklung so erhöht, daß bei großem Schlupf (Anlauf) diese Wicklung wegen ihrer sehr hohen Induktivität praktisch stromlos bleibt. Bei kleinem Schlupf führen diese Leiterschleifen den größten Teil des Läuferstromes und entlasten damit den äußeren Käfig. Durch richtige Bemessung dieser Wicklung kann der Sattel in der Drehmomentkurve vollkommen vermieden werden, so daß eine Drehmomentkurve ähnlich der eines Gleichstrom-Nebenschlußmotors entsteht. Für Antriebe, die ein großes Anlaßmoment erfordern, ist dieser Motor sehr geeignet.

Man hat versucht, für die Stromverdrängungsmotoren eine Art Gütegrad $k_g$ aufzustellen, indem man das Verhältnis Drehmoment zu Strom bildet: $k_g = \frac{M}{I}$. Dieses Verhältnis ist bei jeder Drehzahl ein anderes, man muß daher drei charakteristische Drehzahlpunkte besonders hervorheben und für sie den Gütegrad feststellen: Stillstand, Kippdrehzahl und Nenndrehzahl, dabei muß auch noch darauf geachtet werden, daß die Drehmomentkurve bei Stromverdrängungsläufern stets bei etwa 10 bis 20% der Synchrondrehzahl etwas eingesattelt ist.

Man kann auch für die Bewertung des Motors einen anderen Gütegrad $K_g$ festlegen, der als das Verhältnis der

Abb. 29 Dreinutläufer der Schorch-Werke AG., Rheydt.

beiden Flächen: Drehmomentkurve bis Abszissenachse und Stromkurve bis Abszissenachse definiert ist: $K_g = \frac{\text{Drehmomentfläche}}{\text{Stromfläche}}$. Dieses Verhältnis wird um so größer, je weniger Streuung, also auch Stromverdrängung die Läuferwicklung hat. Setzt man den Gütegrad für einen Kurzschlußmotor mit kreisrunden, dicht an der Bohrung liegenden Käfigstäben, wie in Abb. 14a dargestellt, gleich Eins, so erhält man im Vergleich der Werte aus Abb. 22 ($K_g = 1$) mit den Werten für die drei Gruppen der Stromverdrängungsläufer nach Abb. 28 folgende Tabelle für die Gütegrade:

| | Kurzschlußläufer mit Rundstäben | Stromverdrängungsläufer Doppelnut- | Wirbelstrom- | Tiefnutläufer |
|---|---|---|---|---|
| $K_g =$ | 1,0 | 0,7—0,6 | 0,6—0,55 | 0,55—0,5. |

Stets muß der Gütegrad bei Stromverdrängungsmaßnahmen kleiner sein als 1, in diesem Sinne ist jeder Stromverdrängungsmotor schlechter als ein Rundstabläufer-Motor.

## 4. Anlaßkupplungen

Um den gewöhnlichen Kurzschlußmotor ohne Stromverdrängung auch dann benutzen zu können, wenn ein großes Anlaßmoment bei kleinem Anlaßstrom verlangt wird, muß man Vorkehrungen treffen, um ihn leer in Sterndreieck anzulassen und erst nach vollendetem Anlauf mit der Last zu kuppeln. Die einfachste Lösung dieser Aufgabe bei Riemenantrieb ist das Anlassen gegen Leerscheibe und Umschalten auf Lastscheibe. Da in vielen Betrieben dieser Vorgang zu umständlich ist, hat man selbsttätige Kupplungen gebaut, welche man unmittelbar in die Riemenscheibe selbst hineinbrachte. Meist handelt es sich um Fliehkraftkupplungen, bei denen die Gewichte mit zunehmender Drehzahl immer stärker gegen die Innenwand der Riemenscheibe gepreßt wurden und letztere durch Reibung mitnahmen. Eine solche Kupplung verhält sich genau wie die in Abbildung 26 dargestellte mit „stabil" bezeichnete Belastung. Sie kann die Last nur dann mitnehmen, wenn das Lastmoment wesentlich kleiner ist als das Kippmoment des Motors bei Sternschaltung. Auch dieser Fall bedingt eine erhebliche Anlaßstromspitze beim Umschalten von Stern auf Dreieck.

Zur Vermeidung der erwähnten Stromspitze hat man Federn eingebaut, welche die Fliehgewichte bis zur Erreichung einer bestimmten Drehzahl festhalten und sie dann erst freilassen. Das würde in Abb. 26 eine Parallelverschiebung der Lastkurve „stabil" nach unten bedeuten. Setzt man eine sehr genaue Einstellung der Federn voraus, so ist diese Lösung einwandfrei, vorausgesetzt, daß die angetriebene Maschine kein allzu großes Beschleunigungsmoment bedingt, andernfalls ist diese Lösung unbrauchbar.

Die bisher beste Lösung ist die Albo-Knorr-Kupplung, bei welcher einerseits mit einem Sterndreieck-Anlaßgerät gearbeitet wird, das einen Stromwächter und eine Strombegrenzungsdrossel enthält, andererseits auf die Motorwelle eine Kupplung aufgesetzt wird, bei welcher die Fliehgewichte während des ganzen Anlassens mit verringerter Spannung festgehalten und im Augenblick des Umschaltens auf Betriebsspannung durch den dabei entstehenden Drehmomentruck freigegeben werden. Die Umschaltung von Stern in Dreieck geschieht dabei selbsttätig durch den erwähnten Stromwächter.

Eine weitere Lösung wäre eine Einrichtung, welche unabhängig von der Drehzahl nach Einschalten des Motors die Fliehgewichte eine bestimmte Zeitlang festhält und dann freigibt. Eine einfache derartige Einrichtung ist früher gebaut worden, hat sich aber nicht bewährt. Alle weiteren Versuche auf diesem Gebiet sind bisher gescheitert.

## 5. Schleichdrehzahlen, Geräuschbildung

Bei Kurzschlußmotoren treten häufig während des Anlassens starke Geräusche auf, es gibt sogar Motoren, die bei bestimmten, weit unterhalb der Nenndrehzahl liegenden Drehzahlen längere Zeit unter heftiger Geräuschbildung beharren. Untersucht man die Drehmomentkurve eines solchen Motors genau, so findet man an den Drehzahlstellen, an denen die Geräuschbildung auftritt, stark ausgeprägte Sättel, wie in Abb. 30 dargestellt. Diese Sättel können bei manchen Läuferausführungen so tief eingeschnitten sein, daß der Läufer bei der betreffenden Drehzahl klebt. Besonders häufig tritt ein Sattel bei $^1/_7$ der Synchrondrehzahl auf. Solche Drehzahlen nennt man „Schleichdrehzahlen".

Diese Erscheinungen rühren von Feld- und Flußoberwellen her, die von der Nutung und (im geringerem Maß) auch von der Ständerwicklung hervorgerufen werden. Sie äußern sich so, als ob der Polzahl der Maschine eine größere Polzahl überlagert wäre. Soweit diese Oberwellen einphasig sind, lösen sie sich in langsam umlaufende mit- und gegenläufige Drehfelder bzw. Drehflüsse auf und rufen in der Läuferwicklung entsprechende Drehfeldoberwellen hervor. Es entstehen also bei Drehzahlen, die weit unter Synchrondrehzahl liegen, Drehmomentsättel: die Maschine „klebt“ bei bestimmten Drehzahlen. Gegenläufige Drehfelder können auch bei Stillstand und im Bremsbereich zu solchen Drehmomentsätteln führen. Nach Fritze (31) werden alle auftretenden Oberwellen einer

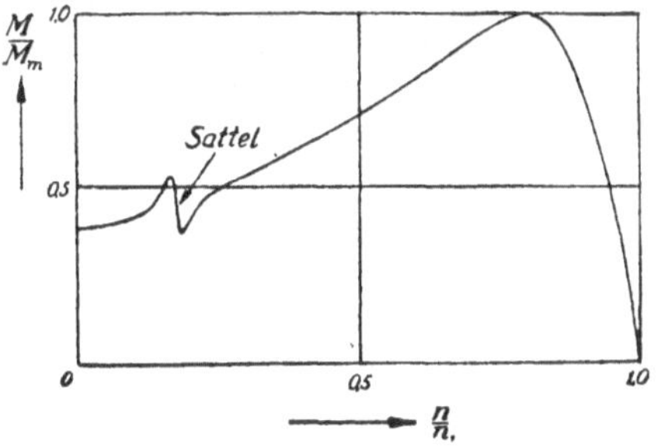


Abb. 30. Drehmomentkurve mit Sattelbildung

$m$-phasigen Maschine erfaßt durch die Zahl $\pm (2m\alpha \pm 1)$, wo $\alpha$ jede ganze Zahl bedeutet. Besonders ausgeprägt erscheinen die durch die Nutung der Maschine hervorgerufenen Oberwellen, deren Ordnungszahl man erhält, wenn man $\alpha = g$ setzt, also erhält man dann besonders ausgeprägt die $\pm (2mg \pm 1)$fache Grundwelle als Oberwelle. Schleichdrehzahlen und Geräusche treten dann auf, wenn eine dieser Oberwellen Gleichlauf hat mit einer von der anderen Maschinenseite hervorgebrachten Oberwelle (also eine Ständeroberwelle mit einer Läuferoberwelle oder umgekehrt), oder wenn eine dieser Oberwellen mit der mechanischen Eigenschwingungszahl eines Maschinenteiles, meist des Läufers, Resonanz hat. Dabei ist zu bedenken. daß bei einer $m$-phasigen Wicklung mit $g$ Nuten je

Pol und Phase die Oberwellen von der Ordnung $2mg \pm 1$ stets denselben Wicklungsfaktor haben wie die Grundwelle.

Fritze (31) fand, daß bei gegenseitiger Verschiebung von zwei räumlich sinusförmigen Feldern, deren Polpaarzahlen (Ordnungszahlen) um eins verschieden sind, eine einseitig radial wirkende magnetische Zugkraft von konstanter Größe entsteht, die im Drehsinne des Feldes höherer Polpaarzahl mit der relativen Winkelgeschwindigkeit der beiden Felder gegeneinander mal Polpaarzahl des Feldes höherer Ordnung umläuft. Diese umlaufende einseitige Zugkraft kommt fast immer in elastische Resonanz mit dem Läufer und führt zu sehr starken Erschütterungen und Geräuschbildungen. Diese Erscheinung tritt stets auf, wenn die Läufernutenzahl $Z_2$ ungerade ist, aber auch dann, wenn $Z_1 - Z_2 = \pm 1$ oder $= \pm 2p \pm 1$ ist oder wenn $Z_2 = \frac{2p(2m \pm 1) \pm 1}{\alpha}$ ist. Hierin bedeutet $Z_1$ die Ständernutenzahl, $\alpha$ jede ganze Zahl. Daraus erklärt sich, daß Geräuschbildung stets auftritt, wenn die Läufernutenzahl eine Primzahl ist.

Nach Möller (32) entsteht durch die von der Ständernutung verursachten Feld-Oberwellen eine „asynchrone" Sattelbildung in der Drehmomentkurve, indem sich die Zahnwechselfelder in zwei invers umlaufende Drehfelder zerlegen mit den Drehezahlen $\pm n'$, wo $n' = \pm \frac{n_1}{\frac{Z_1}{p} \pm 1}$. Diese Felder erregen Flüsse, welche in der Läuferwicklung Ströme induzieren, wenn die Polteilung ihrer Halbwellen nicht sehr verschieden ist von der Läufernutenteilung. Durch das Zusammenwirken dieser Flüsse und Ströme entstehen Drehmomentsättel. Diese Sättel werden unerträglich groß, wenn $Z_2 \approx 2Z_1$ ist, sie verschwinden, wenn $Z_1$ und $Z_2$ nicht sehr verschieden sind. Sie sind noch eben erträglich, wenn $Z_2 < 1{,}35\, Z_1$ ist.

„Synchrone" Schleichdrehzahlen entstehen nach Möller (32) durch die Läufernutung Eine von der Läufernutung verursachte Feldoberwelle von der Ordnungszahl $\frac{Z_2}{p} \pm 1$ kann bei bestimmten Verhältnissen $\frac{Z_2}{Z_1}$ synchron mit einer von der Ständernutung verursachten Oberwelle umlaufen. Dadurch entsteht ein magnetischer Zug, der den Läufer in der Drehzahl dieser Ständeroberwelle festzuhalten sucht. Ist z. B. $\frac{Z_2}{Z_1} = \frac{28}{24}$, so verursacht die Nutung des Ständers Oberwellen von der Ordnungszahl $-11$ und $+13$, die des Läufers Oberwellen von der Ordnungszahl $-13$ und $+15$. Die Schleichdrehzahl $n'$ ergibt sich dann für die Synchrondrehzahl $n_1$ der Grundwelle $\left(\text{also } \frac{n_1}{13} \text{ der 13. Oberwelle}\right)$ zu $n' - \frac{n_1 - n'}{13} = \frac{n_1}{13}$ oder $n' = \frac{n_1}{7}$. Allgemein gilt für Synchronismus von Ständer- und Läuferoberwelle

$$\frac{Z_1}{p} \pm 1 = \mp\left(\frac{Z_2}{p} \mp 1\right),$$

also:

$$n' \pm \frac{n_1 \mp n'}{\frac{Z_2}{p} \pm 1} = \frac{\mp n_1}{\frac{Z_2}{p} \pm 1} \quad \text{oder} \quad n' = \mp \frac{2p}{Z_2} \cdot n_1 .$$

Die größte Amplitude erhält man für $\frac{Z_2}{2p} = \frac{Z_1}{2p} \pm 1$, keinen Sattel gibt es, wenn $\frac{Z_2}{2p}$ keine ganze Zahl ist. Das „Kleben“ ($n' = 0$) tritt stark auf, wenn bei dreiphasiger Ständerwicklung $Z_2$ durch 12 teilbar ist, schwächer, wenn $Z_2$ durch 6 teilbar ist.

Die Zusammenfassung aller dieser Erkenntnisse ergibt die Feststellung, daß bei Käfigläufermotoren fast alle Läufernutenzahlen das Auftreten von Drehmomentsätteln mittelbar oder unmittelbar verursachen. Bei manchen Ständer- und Läufernutenzahlen treten diese Sättel unerträglich stark auf, solche Nutenzahlen sind daher zu vermeiden. Zur Vermeidung zu tiefer Drehmomentsättel soll man möglichst folgende Bedingungen erfüllen:

(145) $$Z_2 \neq Z_1,$$

(146) $$\frac{Z_2}{p} = \text{ganze Zahl},$$

$$(147) \qquad \frac{Z_2}{2p} \neq \text{ganze Zahl},$$

$$(148) \qquad Z_2 \neq \frac{2p(2m \pm 1) \pm 1}{\alpha}, \quad \alpha = \text{ganze Zahl},$$

$$(149) \qquad Z_2 \neq \text{Primzahl},$$

$$(150) \qquad Z_2 - Z_1 \neq \pm 1,$$

$$(151) \qquad Z_2 - Z_1 \neq \pm 2p \pm 1,$$

$$(152) \qquad Z_2 < 1{,}35\, Z_1 .$$

Richter (24) hat die Momente und Kräfte der Oberwellen in seinem Buche sehr ausführlich behandelt und sehr viel Schrift-

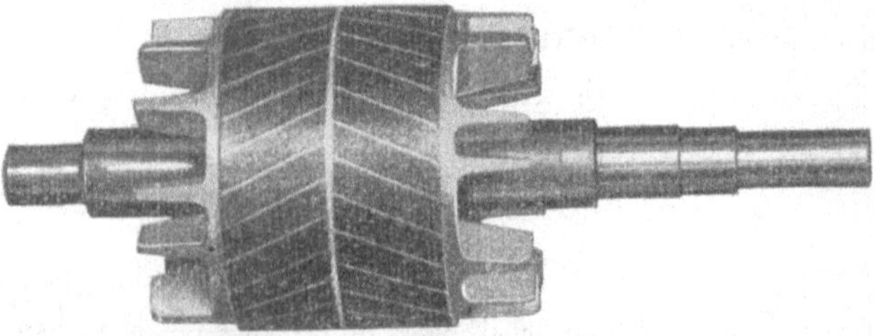

Abb 81 Staffelläufer der Allgemeinen Elektrizitätgesellschaft, Berlin.

tum darüber zusammengetragen. Die von ihm aufgestellten Bedingungen zur Vermeidung von Drehmomentsätteln decken sich zum großen Teil mit den obigen Bedingungen. Auf dem Gebiete der Maschinen mit ungeraden Polpaarzahlen liegen bisher leider nur wenige Untersuchungen vor.

In allen Fällen ist es vorteilhaft, die Amplituden der Nutenoberwellen dadurch zu vermindern, daß man die Läufer- oder Ständernutung schrägt, d. h. der Nutenachse eine Neigung gegen die Wellenachse gibt. Allerdings wird dadurch die Spaltstreuung vergrößert. Eine Schrägung um wesentlich mehr als eine Nutenteilung ist zwecklos und schädlich.

Bei Schleifringmotoren treten meist nur synchrone Drehmomentsättel auf, die aber wegen der großen Anlaßwiderstände nicht stark ausgeprägt sind. Sie können zu Klebeerscheinen führen, wenn $g_1$ zu $g_2$ in einem ganzzahligen Verhältnis steht.

Bei Stromverdrängungsläufern treten die Erscheinungen des Schleichens wegen des hohen Läuferwiderstandes bei niedrigen Anlaßdrehzahlen nicht so stark auf, sie sind aber da und können manchmal recht unangenehm werden. Daher muß man auch in diesem Falle die obigen Regeln für die Nutenzahlen befolgen.

Die geschilderten Drehmomentsättel verursachen beim Anlassen der Maschinen oft heftige Geräusche. Schlimmer ist es, wenn solche Geräusche dauernd während des Laufes einer Maschine auftreten. Fritze (31) scheint zuerst erkannt zu haben, daß eine einseitige radial wirkende umlaufende Zugkraft im Zusammenhang mit elastischen Rückstellkräften, insbesondere bei Resonanz zu Erschütterungen und Geräuschbildungen führt, Richter (24) stellt Untersuchungen über „Rüttelkräfte" an. Eine zusammenhängende, logisch einwandfreie Theorie dieser Erscheinungen hat H. Jordan in seinem Buche (33) gebracht und in einer späteren Veröffentlichung erweitert (34). Es sind magnetische Kräfte, die zu rhytmischen Verformungen der Läuferwelle, besonders aber des Ständerkranzes führen und deren Resonanz mit elastischen Rückstellkräften vermieden werden muß. Die Nutung spielt dabei die Hauptrolle, die Art der Wicklung hat dabei nur eine nebensächliche Bedeutung.

Tangentiale Kräfte im Ständerpaket verursachen ein „Atmen" des Gehäuses, man nennt das eine „Nullschwingung" mit der Kraftwellenordnungszahl $r = 0$. Radiale Drehkraftquellen (die umlaufen) können die Ordnungszahlen $r = 1, 2, 3, \ldots$ haben und verursachen eine einfache Verbiegung (Rüttelkraft), eine elliptische, dreieckige usw. Verformung des Gehäuses. Bezeichnet man die statische Verformungsamplitude der Nullschwingung mit $Y_0$, die der Schwingung $r$-ter Ordnung mit $Y_r$, so gibt das Verhältnis der beiden Verformungen:

$$y_r = \frac{Y_r}{Y_0} = \frac{12}{(r^2 - 1)^2}\left(\frac{R}{h}\right)^2 \qquad r \geqq 2 \tag{153}$$

ein rohes Maß für die Gefährlichkeit der Schwingungsform. Hierin bedeutet $h$ die Rückenhöhe und $R$ den mittleren Halbmesser des Ständerkranzes. Besonders beachtlich ist der quadratische Einfluß der Rückenhöhe. Dabei dürfen natürlich die innerhalb des Drehzahlbereiches vorkommenden Tonfrequenzen:

$$(154)\qquad f = f_1\left(a\cdot\frac{Z_2}{p}(1-s)\pm\frac{2}{0}\right)\quad a = \pm 1, \pm 2, \pm 3, \ldots$$

nicht mit den Biege-Resonanzfrequenzen:

$$(155)\qquad f_b = 24200\cdot\frac{h}{v\cdot R^2}\cdot\frac{r(r^2-1)}{\sqrt{r^2+1}}\qquad r\geqq 2$$

zusammenfallen. Dabei bedeutet $v$ das Verhältnis vom Jochgewicht zum Gewicht von Joch und Zähnen.

Radiale Drehkraftwellen von den Ordnungszahlen $r = 0$, 1, 2, 3, ... werden vermieden, wenn für die Differenz der Nutenzahlen gilt:

$$\begin{array}{llllll} & r = 0 & 1 & 2 & 3 & 4 \\ (156)\quad Z_2 - Z_1 \neq \Big\{ & 2p & 2p\pm 1 & 2p\pm 2 & 2p\pm 3 & 2p\pm 4 \ldots \\ & 0 & \pm 1 & \pm 2 & \pm 3 & \pm 4 \end{array}$$

d. h. daß die Differenz zwischen Ständer- und Läufernutenzahl beispielsweise für $r = 3$ weder $\pm 3$ noch $2p\pm 3$ sein darf.

Bei polumschaltbaren Motoren treten beim Überschalten von der Polzahl $p_1$ auf die Polzahl $p_2$ starke Geräusche auf, die man vermeiden kann, wenn man folgender Bedingung genügt:

$$(157)\qquad Z_2 - Z_1 \neq (p_1\pm p_2), (p_1\pm p_2\pm 1), (p_1\pm p_2\pm 2), (p_1\pm p_2\pm 3)\,.$$

Je größer Leistung und Abmessungen einer geometrisch ähnlichen Maschine, je kleiner ihr $h/R$, je leichter ihr Gehäuse, umsogrößer ist ihre Lautstärke (43). Nutenzahlregeln zur Vermeidung von Geräuschbildung gibt es nicht. Ein sehr gutes Mittel gegen Geräusche, die besonders bei größeren und großen Motoren unerträglich werden können, ist der Staffelläufer Abb. 31), bei dem sich die von den Oberfeldern herrührenden Kräfte in ihrer Wirkung gegenseitig aufheben.

# X. Einphasenmaschine

Für den Anschluß an einphasige Netze, wie sie besonders bei kleinen Ortsanlagen, Kleinsiedlungen u. dgl. vorkommen, verwendet man Einphasen-Induktionsmotoren. Die Einphasenmaschine besitzt einen Ständer mit einphasiger Wicklung und einen mehrphasigen Läufer, der entweder mit mehrphasiger Schleifringwicklung oder mit Kurzschlußkäfig ausgerüstet ist. Jede Dreiphasenmaschine wird zur Einphasenmaschine, wenn man eine Anschlußklemme der Ständerwicklung löst oder wenn man nur zwei von den drei Ständeranschlußklemmen mit je einem Leiter des Drehstromnetzes verbindet. Meist bewickelt man nur $^2/_3$ der Polteilung mit der Ständer-Arbeitswicklung und wickelt in die restlichen Nuten eine Anlaßwicklung, deren Achse senkrecht steht auf der Achse der Arbeitswicklung.

## 1. Wirkungsweise

Die Einphasenmaschine kann durch das Einphasennetz nur einen einphasigen Magnetisierungsstrom erhalten, der Ständer erregt also nur ein einphasiges Feld, dieses nur einen einphasigen Wechselfluß. Diese Maschine hat also kein Anlaßmoment. Dreht man den (mehrphasigen) Läufer in einer beliebigen Richtung, so fängt er an, sich von selbst weiter zu beschleunigen und läuft schließlich in der angestoßenen Richtung fast synchron im Leerlauf. Man kann die Maschine nun belasten, sie verhält sich dann ähnlich wie eine Mehrphasenmaschine, ihr Schlupf steigt mit der Belastung. Beim Erreichen des Kippmoments bleibt der Läufer stehen und muß dann erst wieder in der beschriebenen Weise leer angelassen werden.

Dieses Verhalten kann man am einfachsten mit der Zerlegung des Ständerwechselfeldes und -wechselflusses in zwei invers umlaufende Drehfelder bzw. Drehflüsse erklären. Bei Stillstand werden im Läufer infolge der Läuferströme zwei invers umlaufende Feldwellen entstehen, was zwei gleich große, entgegengesetzt wirkende Drehmomente verursacht. Läuft der Läufer in beliebiger Drehrichtung um, so werden wegen der verschiedenen Relativgeschwindigkeit der Läuferwicklung gegen die beiden Drehflüsse zwei verschieden große Drehspannungswellen in der Läuferwicklung induziert, denen Ströme folgen, welche zwei verschieden große Läuferfeldwellen erregen. Es entstehen somit zwei verschieden große Drehmomente in den beiden Richtungen; übrig bleibt ein, mit doppelter Netzfrequenz pulsierendes, Differenz-Drehmoment in der Drehrichtung des Läufers, so daß sich dieser bis nahe an Synchronismus beschleunigt.

Man kann dieselbe Wirkung erreichen, wenn man zwei gleiche Drehstrom-Induktionsmaschinen starr kuppelt und ihre Ständerwicklungen gegensinnig in Reihe geschaltet an ein Drehstromnetz anschließt. Die Drehfeldrichtungen der beiden Maschinen sind also entgegengesetzt, daher bleiben sie nach dem Einschalten in Ruhe, jede Maschine nimmt die halbe Netzspannung auf. Dreht man die Läufer nun in einer beliebigen Richtung, so entsteht in Drehrichtung ein Drehmoment, der Maschinensatz beschleunigt sich selbsttätig bis nahe an Synchronismus, wobei die Ständerspannung des in Drehrichtung seines Drehfeldes umlaufenden Motors immer mehr zu, die des gegenläufigen Motors im selben Maße abnimmt. In Synchronismusnähe verbraucht der Ständer des mitläufigen Motors fast die ganze Netzspannung. An diesem Verhalten ändert sich praktisch nichts, ob nun die beiden Läuferwicklungen miteinander gleichsinnig elektrisch verbunden sind, oder jeder in sich kurzgeschlossen ist. Allerdings ist das resultierende Drehmoment im ersten Falle pulsierend, im zweiten stetig. Weil in beiden Ständern zwangsläufig derselbe Strom fließt, sind auch die Effektivwerte der Läuferströme in beiden Schaltungen die gleichen.

Die Erklärung dieses Verhaltens ist einfach. Gemäß Gl. (85) ist die Luftspaltleistung der in Drehrichtung laufenden Maschine:

$$(158) \qquad N_{\delta\,\text{mit}} = m \cdot I_2^2 \cdot \frac{r_2}{s},$$

des gegen die Drehrichtung laufenden Motors dagegen:

$$(159) \qquad N_{\delta\,\text{gegen}} = m \cdot I_2^2 \cdot \frac{r_2}{2-s}.$$

Die gegenläufige Maschine arbeitet also im Bremsbereich ($\widehat{P_k P_\infty}$ in Abb. 19), ihr Drehmoment wird mit zunehmender Drehzahl immer kleiner. Die mitläufige Maschine nimmt dagegen mit zunehmender Drehzahl einen immer kleineren Strom auf, was auch eine Verkleinerung des Läuferstromes der gegenläufigen Maschine, also eine weitere Abnahme ihres Bremsmomentes bewirkt.

Aus diesen Überlegungen geht hervor, daß die Drehmoment-Schlupf-Abhängigkeit dieses Maschinensatzes nicht nach Gl. (129) berechnet werden kann. Ein Kreisdiagramm der Einphasenmaschine kann wie das der Mehrphasenmaschine aufgestellt werden, wobei natürlich bei der Berechnung des Leerlaufstromes und der Streublindwiderstände (der einphasigen Wicklung entsprechend) andere Wicklungsfaktoren in Frage kommen. Es ist aber bisher nicht gelungen, ähnliche einfache graphische Beziehungen zwischen Drehmoment, Leistung und Schlupf abzuleiten, wie bei der Mehrphasenmaschine.

Für einen solchen Maschinensatz kann man nach einem einfachen Verfahren die resultierende Drehmoment-Schlupfkurve graphisch bestimmen, wenn man das Kreisdiagramm der Mehrphasenmaschine des Satzes kennt. Setzt man voraus, daß die Ständerspannungen der beiden in Reihe geschalteten Maschinen praktisch gleichphasig sind, was versuchsmäßig festgestellt wurde, so kann man, dem Spannungsverhältnis entsprechend, für jede Maschine eine Kreisschaar aufstellen. Für Stillstand sind beide Kreise für halbe Netzspannung zu entwerfen. Bei Lauf wird der Kreisdurchmesser für die mitläufige Maschine um denselben Betrag größer, um den der für die gegenläufige kleiner wird. Aus diesen Kreisschaaren kann man für jede Spannungsverteilung den Läuferstrom bestimmen, der bei der gegenläufigen Maschine (als Motor) im Bereich zwischen $s = 1$ und $s = 2$ liegen muß. Derselbe Strom fließt durch die mitläufige Maschine, in deren entsprechenden Kreis man ihn einträgt und so einen Belastungspunkt findet. Man kann nun entsprechend Abb. 19 für beide Maschinen alle Beziehungen finden, wobei natürlich die Drehmomentwerte im Quadrat des

Verhältnisses der jeweiligen Spannung zur halben Netzspannung umgerechnet werden müssen. Auch muß natürlich stets dem Schlupf $s$ der mitläufigen der Schlupf $2 - s$ der gegenläufigen Maschine entsprechen.

In Abb. 32 sind die nach diesem graphischen Verfahren gefundenen Kurven zweier in Reihe auf Gegenlauf geschalteter

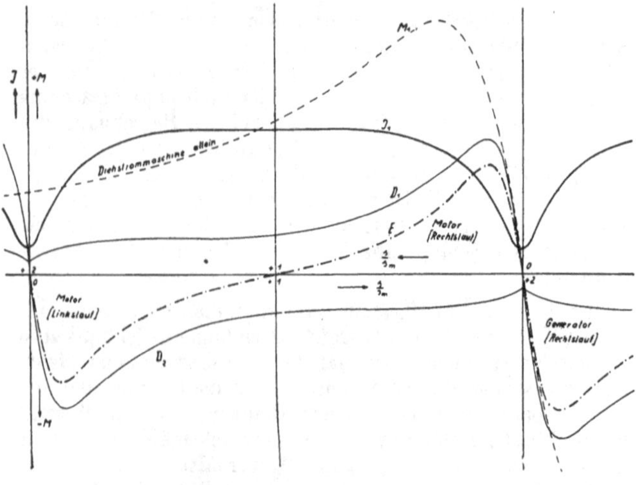


Abb. 32. Entstehung der Drehmoment-Schlupfkurve einer Einphasen-Induktionsmaschine

gleicher Drehstrommaschinen in Schlupfabhängigkeit dargestellt. $M_1$ (gestrichelt) ist die Drehmomentkurve der mitläufigen Maschine bei voller Netzspannung. $D_1$ bzw. $D_2$ (dünn ausgezogen) sind die Drehmomentkurven der beiden in Reihe an volle Netzspannung geschalteten mit- bzw. gegenläufigen Maschinen. Weil die gegenläufige Maschine immer im Bremsbereich arbeitet, müssen alle ihre Drehmomentwerte ($D_2$) unter der Abszissenachse liegen. Aus dem Zusammenwirken der Drehmomente $D_1$ und $D_2$ entsteht die resultierende Drehmomentkurve $E$ (strichpunktiert) der Einphasenmaschine. Die Stromkurve $I$ (stark ausgezogen) des Maschinensatzes entspricht der der Einphasenmaschine. Vergleicht man Kurve $E$ mit Kurve $M$, so ergibt sich, daß das Kippmoment des Maschinensatzes auf weniger als 40% von dem der Drehstrommaschine gefallen ist, der Leerlaufstrom ist dagegen größer geworden. Das ist auf die Reihenschaltung der Widerstände, besonders des Läufers, zurückzuführen ($s_m = 0{,}33$),

Wird eine der beiden Maschinen einphasig (eine Ständerwicklung unterbrochen) an die Netzspannung gelegt, so ergeben sich (beide Läuferwicklungen in Reihe geschaltet) die gleichen Verhältnisse. Einphasenmotoren müssen also mit möglichst kleinem Läuferwiderstand ausgeführt werden.

## 2. Anlaßschaltungen

Wie beschrieben, kann man jede Einphasenmaschine „anwerfen", d. h. ihren Läufer in einer Richtung drehen, bis das Beschleunigungsmoment ausreicht, um ihn selbsttätig hoch-

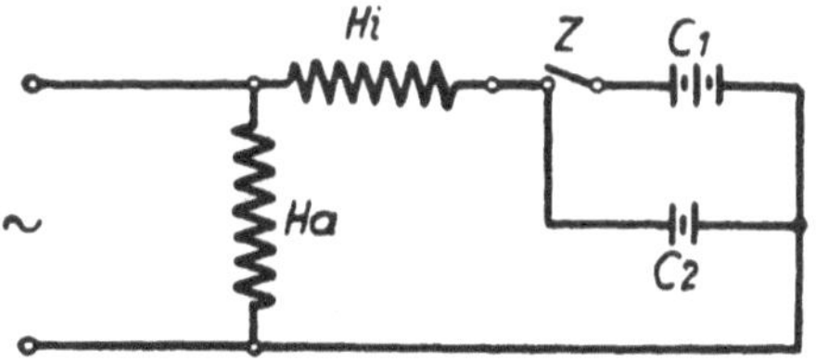


$Ha$ = Hauptphase $Hi$ = Hilfsphase $Z$ = Zentrifugalschalter
$C\,1$ = Anlaßkapazität $C\,2$ = Betriebskapazität

Abb. 33. Kondensatorschaltungen bei einer Einphasen-Induktionsmaschine

zufahren. Derartige „Anwurfmotoren" kann man nur für sehr kleine Leistungen bauen, auch ist ihr Anlassen oft schwierig und nicht ungefährlich. Man hat daher Verfahren entwickelt, um solche Maschinen wie Drehstrommotoren anlassen zu können. Dazu dient die schon erwähnte zweite Einphasenwicklung im Ständer: die „Hilfsphase". Um an Stelle des

Wechselfeldes ein Drehfeld im Ständer zu erzeugen, muß diese „Hilfsphase“ mit einer gegen die Spannung der „Hauptphase“ oder Arbeitswicklung möglichst um 90° phasenverschobenen Spannung gespeist werden. Eine solche Phasenverschiebung erhält man durch Reihenschaltung eines Widerstandes, einer Drossel oder eines Kondensators mit der Hilfsphase. Bei Verwendung eines Kondensators erhält man eine Verbesserung des Leistungsfaktors. Diese Erkenntnis hat dazu geführt, daß man heute oft neben dem Anlaß- auch noch einen Betriebskondensator anbringt. Da die Kapazität des Kondensators stets dem Belastungsstrom angepaßt sein muß, wenn man beim Anlassen möglichst ein reines Drehfeld, bei Nennlast möglichst auch ein rundes Drehfeld oder im anderen Falle $\cos\varphi = 1$ erreichen will, so führt man die Schaltung meist nach Abb. 33 aus, wo $C_1$ den Anlaß- und $C_2$ den Betriebskondensator darstellt (Schorch-Werke A.-G., Rheydt). Die zugehörigen Drehmomentkurven zeigt Abb. 34, wo *c* das Drehmoment mit Anlaßkondensator, *a* ohne Kondensator und *b* mit Betriebskondensator darstellt (35). Zur Abschaltung des Anlaßkondensators verwendet man meist Fliehkraftschalter.

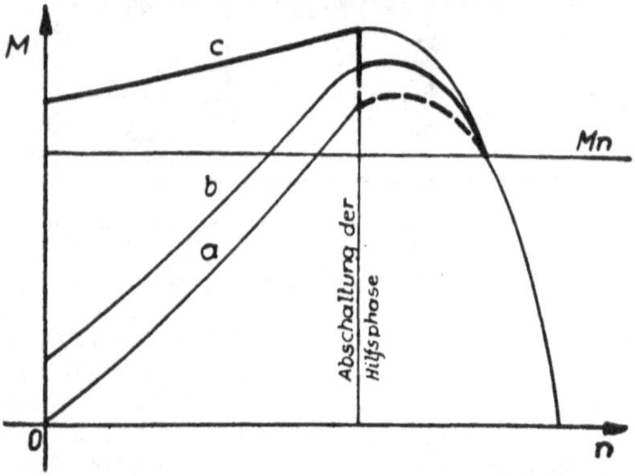


Abb. 34. Drehmoment-Drehzahlkurven bei einer Einphasen-Induktionsmaschine bei verschiedenen Kondensatorschaltungen

## 3. Spaltphasenmotor

Schön und Punga (36) haben einen Einphasenmotor entwickelt, den sie als „kompensierten Einphasen-Asynchronmotor“ bezeichnen und der insbesondere für den Antrieb von Bahnfahrzeugen Bedeutung gewonnen hat. Er sei hier kurz und treffend „Spaltphasenmotor“ genannt, in Abb. 35 ist

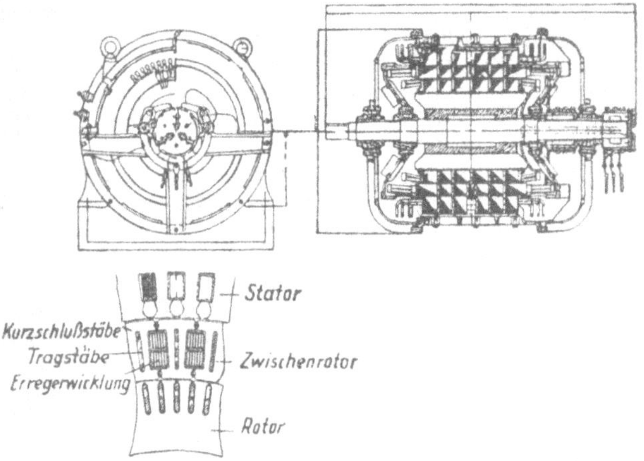


Abb. 35. Spaltphasenmotor der Firma Fr. Krupp A.-G., Essen

seine grundsätzliche Bauart im Schnitt dargestellt. Der Motor besteht aus einem einphasig bewickelten Ständer (Stator), der auch eine Hilfswicklung für den Anlauf tragen kann, einem dreiphasigen Schleifringläufer (Rotor) und einem mit einer Kurzschlußwicklung und einer Gleichstromerregerwicklung bewickelten Zwischenläufer (Zwischenrotor), welcher im vergrößerten Luftspalt zwischen Ständer und Läufer synchron umläuft. Bei den neuesten Ausführungen ist die Erregerwicklung als mehrphasige Kurzschlußwicklung ausgebildet und der Kurzschlußkäfig fällt weg.

Nach Einschalten des Ständers wird der Zwischenläufer in beliebiger Drehrichtung angelassen, beispielsweise mit Ständerhilfsphase. Er läuft dann in der angelassenen Drehrichtung hoch und wird nach Erreichen der Leerlaufdrehzahl mit Gleichstrom erregt, wodurch er sich synchronisiert. Denkt man sich das Ständerwechselfeld in zwei inverse Drehfelder zerlegt, so wird das mit dem Zwischenläufer synchron umlaufende Drehfeld die Luftspalte Ständer-Zwischenläufer und Zwischenläufer-Läufer durchsetzen und einen Drehfluß durch die Maschine treiben, dagegen wird das invers zur Läuferdrehung umlaufende Drehfeld in der Kurzschlußwicklung des Zwischenläufers elektromotorische Kräfte doppelter Netzfrequenz induzieren, welchen Kurzschlußströme folgen, die dieses inverse Drehfeld weglöschen.

Belastet man jetzt den Läufer mit Drehmoment, so fließt in der Läuferwicklung Drehstrom, dessen Drehfeldwelle, da sie synchron umläuft, ungehindert durch den Zwischenläufer in den Ständer eindringen kann. Dieses Feld wird in der Ständerwicklung einen Wechselstrom hervorrufen, der so groß sein muß, daß sein Wechselfeld die doppelte Amplitude des Läuferdrehfeldes hat. Die invers umlaufende Drehfeldkomponente dieses Wechselfeldes wird wieder in der Kurzschlußwicklung des Zwischenläufers kompensiert. Der Motor verhält sich also wie ein echter Drehstrommotor, nur wird er durch die Erregung des Zwischenläufers in die Lage versetzt, seinen Leerlaufstrom selbst aufzubringen, ja sogar Phase zu schieben.

## XI. Drehzahlregelung

Die Induktionsmaschine hat, abgesehen vom Schlupf, das Bestreben, mit konstanter Drehzahl unabhängig von der Last zu laufen, sie besitzt Nebenschlußcharakter. In vielen Fällen fordert die Art der Belastung eine Regelung der Drehzahl. Nicht immer muß diese Regelung eine stetige sein, oft genügen mehrere feste Drehzahlen. Wichtig ist dabei der Wirkungsgrad, der beim Anlassen gar keine Rolle spielt. Man muß also zwischen verlustreicher und verlustarmer Regelung unterscheiden.

## 1. Widerstandsregelung

In Abb. 1 ist die Schaltung für Widerstandsregelung eines Schleifringmotors dargestellt. Da der Schlupf proportional ist den Läufer-Stromwärmeverlusten, so wird bei derselben Last die Drehzahl um so kleiner, je größer der Läuferwiderstand ist. Diese Regelung ist verlustreich, weil die im Regelanlasser entwickelte Stromwärme verloren ist. Da diese Regelung jedoch die einfachste ist, wird sie, insbesondere bei solchen Antrieben, bei denen das Drehmoment mit der Drehzahl absinkt, wie z. B. bei Rad- und Schraubenlüftern, häufig angewendet.

Man kann die Drehzahl auch durch Vorschalten eines Widerstandes vor die Ständerwicklung regeln, doch geht dabei auch das Kippmoment zurück. Für Lüfterantrieb mit Kurzschlußmotoren ist diese Regelung aber auch zu verwenden.

## 2. Polumschaltung

Die Maschine erhält mehrere (meist zwei) Wicklungen mit verschiedener Polzahl. Da jeder Polzahl eine andere Synchrondrehzahl entspricht, erhält man auf diese Weise mehrere wirtschaftliche Drehzahlen. Man kann Wicklungen ausführen, die durch Umschaltung bis zu vier verschiedene Polzahlen ergeben (5), will man jedoch in allen Fällen dasselbe Kippmoment erzielen, so muß man für jede Polzahl eine andere Wicklung einlegen. Motoren für zwei verschiedene Polzahlen im Verhältnis 1:2 werden heute meist mit einer Wicklung in Dahlander-Lindström-Schaltung ausgeführt (23). Ihre grundsätzliche Schaltung ist in Abb. 36a für $p = 2$ und 36b für $p = 1$ dargestellt. Im ersten Falle (a) ist die Schaltung eine einfache Sternschaltung, im zweiten Falle (b) sind zwei in Stern geschaltete Wicklungsgruppen parallel geschaltet. Abb. 36 zeigt auch die MMK-Diagramme der beiden Schaltungen. Man sieht, daß in *b* das Gesamtdrehmoment etwas größer ist als in *a*, daß jedoch dabei stets eine Einsattelung der Kurve *b* auftritt (also mehr Oberwellen als in *a*). Um nach dem Umschalten die Drehrichtung beizubehalten, müssen zwei Wicklungsanschlüsse vertauscht werden.

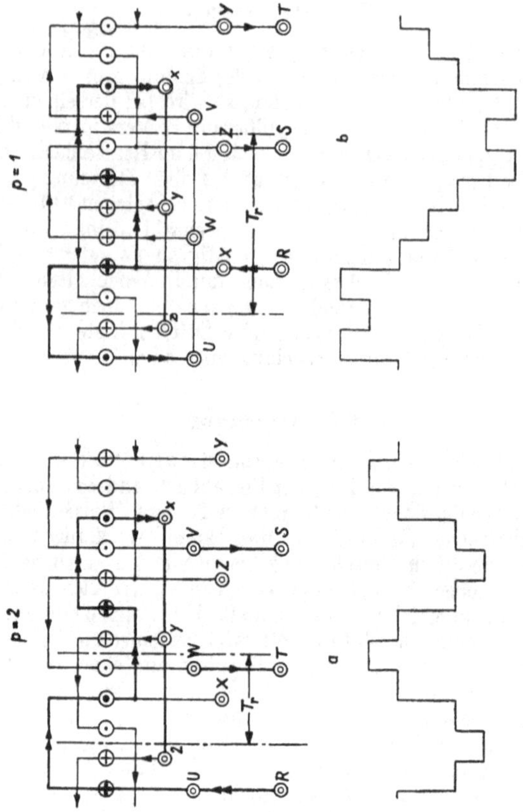


Abb. 36. Polumschaltung nach Dahlander-Lindström

Solche Motoren werden für Drehstromfahrzeuge und Werkzeugmaschinenantriebe verwendet, sie sind meist etwas schwerer und teurer als einfache Motoren derselben Leistung.

## 3. Kaskadenschaltung

Man erhält drei wirtschaftliche Drehzahlen, wenn man zwei Induktionsmaschinen verschiedener Polzahl kuppelt und sie einzeln oder, wie in Abb. 37 dargestellt, in Kaskade geschaltet an das Netz legt. Im letzteren Falle verbindet man den Läufer des Motors I mit dem Läufer oder Ständer des Motors II. Der Sekundärteil von II kann mit Widerständen geregelt werden.

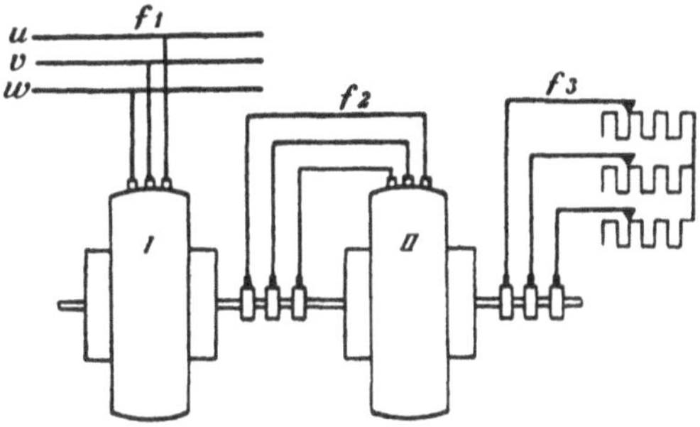


Abb. 37. Kaskadenschaltung von Induktionsmaschinen

Für Maschine I ist die Ständerfrequenz $f_1 = \frac{p_1 n_1}{60}$, wo $p_1$ und $n_1$ ihre Polpaarzahl bzw. Synchrondrehzahl bedeuten. Bei der Drehzahl $n$ der beiden Maschinen ist die Läuferfrequenz der Maschine I: $f_2 = p_1 \frac{n_1 - n}{60}$, das ist aber auch die Ständerfrequenz der Maschine II, deren Polpaarzahl $p_2$, Synchrondrehzahl $n_2$ ist: $f_2 = p_2 \frac{n_2}{60}$. Die Läuferfrequenz von II ist dann $f_3 = p_2 \frac{n_2 - n}{60}$. Somit erhält man $p_1(n_1 - n) = p_2 n_2$ und da $\frac{f_3}{f_2} = s_2 = \frac{n_2 - n}{n_2}$, also $n_2 = \frac{n}{1 - s_2}$, so wird:

$$p_1 (n_1 - n) = p_2 \frac{n}{1 - s_2},$$

woraus man erhält:

$$n = n_1 \frac{p_1}{p_1 + \frac{p_2}{1 - s_2}} . \tag{160}$$

Für Leerlauf ist $s_2 = 0$ und $n = n_1 \frac{p_1}{p_1 + p_2}$, für $p_1 = p_2$ ist $n = \frac{n_1}{2}$. Da des Drehmoment durch Fluß mal Strom gegeben ist, kann es bei Kaskadenschaltung höchstens der Summe der Drehmomente von I und II gleich sein. Da die Drehzahl wesentlich kleiner ist als $n_1$, so muß dementsprechend die Leistung der Kaskade kleiner sein als die Summe der Einzelleistungen der Maschinen bei voller Drehzahl.

Schaltet man eine Induktionsmaschine in Kaskade mit einer anderen Drehstrommaschine mit veränderlicher Spannung und Frequenz, etwa einer Drehstromkommutatormaschine, einer Synchronmaschine, einem Einankerumformer oder dgl., so kann man Phase und Frequenz von Läuferspannung und Läuferstrom und damit Blindleistung und Drehzahl der Induktionsmaschine regeln. Man nennt solche Anordnungen Regelsätze und benutzt sie zur verlustarmen stetigen Regelung sehr drehzahlempfindlicher und sehr schwerer Antriebe.

## XII. Drehtransformator

Wird der Läufer einer Induktionsmaschine festgebremst, so bleibt die Läuferfrequenz konstant und gleich der Netzfrequenz $f_1$. Weil $s = 1$ bleibt, geht Gl. (10) in die Form über:

$$\frac{E_1}{E_2} = \frac{w_1}{w_2} . \tag{161}$$

Verbindet man die Läuferwicklung mit einem Netz, so kann sie Strom an dieses Netz abgeben, wobei die Leistungsübertragung ebenso vor sich geht, wie bei einem gewöhnlichen Transformator: die an das Sekundärnetz abgegebene Leistung wird dem Primärnetz entnommen. Eine Verdrehung des

Läufers ändert nichts an der Größe der Läuferspannung, wohl aber an ihrer Phasenlage. Die Induktionsmaschine ist also zu einem ruhenden Transformator mit festem Übersetzungsverhältnis geworden, nur die Phasenlage von Sekundär- zu Primärspannung kann verändert werden. Dieses Gesetz gilt nur für die mehrphasige Anordnung, d. h. bei Vorhandensein eines Drehfeldes.

Beim einphasigen Drehtransformator kann durch Verdrehung des Läufers die Sekundärspannung von Null bis zu einem Höchstwert von $E_2$ geregelt werden, wobei man aber, will man Oberwellen vermeiden, im Ständer noch eine kurz geschlossene Dämpferwicklung anbringen muß, deren Achse senkrecht zur Achse der Primärwilckung stehen muß, wodurch das gegenläufige Drehfeld weggedämpft wird.

Beim mehrphasiger Anordnung kann man eine Spannungsregelung unter Beibehaltung der Phasenlage dadurch erreichen, daß man zwei gleiche Drehtransformatoren primär an das gleiche Netz legt und sekundär parallel oder in Reihe schaltet. Verdreht man nun ihre Läufer um den gleichen Winkel, jedoch den einen mit dem Drehfeld, den anderen entgegengesetzt, so setzt sich die Sekundärspannung aus zwei Teilspannungen verschiedener Phase zusammen. Diese resultierende Sekundärspannung bleibt in ihrer Phasenlage unverändert, ändert aber ihre Größe mit dem Verdrehungswinkel der Läufer und kann zwischen Null und Höchstwert eingestellt werden.

Doppeldrehtransformatoren verwendet man zur stufenlosen Spannungsregelung, Einfach-Drehtransformatoren zur Phasenverdrehung. Man baut sie natürlich stets mit dem kleinsten ausführbaren Luftspalt, um den Leerlaufstrom möglichst klein zu halten. Trotzdem ist ihr Leerlaufstrom viel größer als der von Transformatoren mit festen Wicklungen. Ihre Anwendung als Regeltransformatoren ist daher sehr begrenzt. Zur besseren Kühlung ihrer Wicklungen werden Drehtransformatoren entweder als Trockentransformatoren mit Lüftern angeblasen oder als Öltransformatoren in Ölkessel eingebaut.

## XIII. Wärmeabfuhr

Die in der Maschine entwickelten Stromwärme-, Eisen- und Reibungsverluste sind Wärme die über die Kühlflächen an die Umgebung abgeführt werden muß. Je größer die Verluste, also die Wärmemenge in der Zeiteinheit, umso besser muß die Maschine gekühlt werden, wenn ihre Erwärmung (Temperaturzunahme) die zulässigen Grenzwerte nicht überschreiten soll. Die zulässigen Erwärmungsgrenzen sind in den vom Verband Deutscher Elektrotechniker herausgegebenen „Regeln für elektrische Maschinen" festgelegt. Für isolierte Wicklungen sind verschiedene Isolationsklassen geschaffen worden, je nach der Wärmebeständigkeit der Isolierstoffe. Als höchste Umgebungstemperatur sind 35° C als Grundlage angenommen. Mit Lack getränkte Wicklungs-Isolierungen aus Baumwolle, Kunstwolle, Seide dürfen eine Erwärmung um 60° C, Lackdraht, lackierte Glasseide, Mikanit u. dergl. 80° C über Umgebung annehmen.

Beim Hindurchströmen durch einen Körper (Isolation, Blechpaket, Wicklung usw.) verursacht der Wärmestrom Q (in Watt) ein Wärmegefälle (Temperaturunterschied) $\vartheta_i$ nach der Beziehung:

$$\vartheta_i = Q \cdot \frac{l}{\lambda F_i}. \tag{162}$$

Hierin bedeutet $l$ die Weglänge (cm), $F_i$ die durchströmte Fläche (cm²) und $\lambda$ die Wärmeleitzahl (Watt/cm °C). Die wichtigsten Wärmeleitzahlen folgen.

Nimmt ein Körper Wärme in sich auf (Wärmespeicherung), so steigt sein Wärmepotential (Temperatur) proportional zu diesem Wärmezuwachs. Gibt er von seinem gespeicherten Wärmevorrat (Wärmeinhalt) Wärme an die Umgebung ab, so sinkt seine Temperatur proportional mit der abgegebenen Wärmemenge. Die Proportionalitätskonstante $c$ ist die „Spezifische Wärme" (Wattmin/kg °C). Führt man einem vollkommen wärmeisolierten Körper vom Gewicht $G$ (kg) in der Zeit $dt$ (min) den Wärmestrom $Q$ (Watt) zu, so steigt seine Temperatur um den Betrag $d\vartheta$ (° C) nach der Beziehung:

$$Q \cdot dt = G \cdot c \cdot d\vartheta \,. \tag{163}$$

In der nachfolgenden Tabelle sind die Wärmeleitzahlen und spezifischen Wärmen der wichtigsten Baustoffe zusammengestellt.

| Baustoff | W/cm°C | Wmin/kg°C | Baustoff | W/cm°C | Wmin/kg°C |
|---|---|---|---|---|---|
| Aluminium | 2,27 | 15,0 | Kupfer | 3,96 | 6,5 |
| Asbest | 0,0020 | 13,3 | Lacke | 0,0025 | 25,0 |
| Bakelit | 0,0023 | 25,2 | Mikanit | 0,0026 | 15,4 |
| Baumwolle rein | 0,0007 | 21,0 | Papier | 0,0014 | 28,0 |
| Baumw. getr. | 0,0027 | 25,2 | Seide | 0,0006 | 28,0 |
| Dynamoblech quer zur Walzr. | 0,0054 | 8,1 | Luft (50°) | 0,00027 | 16,8 |
| Dynamoblech in Walzrichtg. | 0,58 | 8,1 | Wasserstoff | 0,0019 | 237,5 |
| Stahl | 0,70 | 8,1 | Transform.Öl | 0,0013 | 30,0 |

Ein Körper, in dem fortgesetzt in der Zeiteinheit die Wärme $Q$ (Watt) entwickelt wird, überträgt diese über seine Kühlflächen an die Umgebung (Kühlmittel). Zwischen Kühlfläche und Kühlmittel (z. B. Luft, Öl, Wasser usw.) entsteht ein Wärmegefälle (Temperatursprung) $\theta$ (°C), dessen Größe von der übertragenen Wärme $Q$ (Watt), der Größe der Kühlfläche $F_k$(cm$^2$) und der (von den Kühlmitteleigenschaften und Strömungsverhältnissen abhängigen) Wärmeübergangszahl $\alpha_k$ (Watt/cm$^2$ °C) abhängt. Außerdem überträgt er Wärme durch Strahlung seiner freistrahlenden Flächen $F_s$(cm$^2$) bei einer Wärmestrahlungszahl $\alpha_s$ (Watt/cm$^2$ °C) an die Umgebung. Dieses Wärmegefälle folgt der Beziehung:

$$\theta = \frac{Q}{\alpha_k \cdot F_k + \alpha_s \cdot F_s} \,. \tag{164}$$

Hier folgen die wichtigsten Wärmeübergangs- und Strahlungszahlen:

| Kühlmittel | Watt/cm² °C | Bemerkungen |
|---|---|---|
| Vakuum, Luft | 0,0007 | Strahlung matter schwarzer Flächen |
| Vakuum, Luft | 0,00015 | Strahlung blanker heller Flächen |
| Luft | 0,0007 | freie Strömung (ruhend) |
| Luft | $0{,}0008 \cdot v^{3/4}$ | bei Strömungsgeschwdgkt · $v$ (m/sek) |
| Wasserstoff | $0{,}0013 \cdot v^{3/4}$ | bei Strömungsgeschwdgkt · $v$ (m/sek) |
| Transformatoröl | 0,01 | freie Strömung |
| Wasser | 0,05 | freie Strömung |

Ein solcher Körper, in dem fortgesetzt Wärme entwickelt wird, erwärmt sich immer mehr, indem er Wärme speichert. Ist er wärmer als seine Umgebung, so überträgt er an diese einen Teil der entwickelten Wärme. Er erwärmt sich (innere Temperaturunterschiede vernachlässigt) in der Zeit $dt$ um den Betrag $d\vartheta$ nach folgender Beziehung:

$$\frac{d\vartheta}{dt} = \frac{\theta - \vartheta}{T}, \tag{165}$$

wo $T = \frac{G \cdot c}{\alpha_k \cdot F_k + \alpha_s \cdot F_s}$ die Zeitkonstante, d. h. jene Zeit bedeutet, nach deren Verlauf der Körper die Temperatur $\theta$ erreichen würde, wenn er keine Wärme abgeben würde (also vollkommen wärmeisoliert wäre) und $\vartheta$ seine augenblickliche Temperatur ist. Gibt der Körper Wärme an das Kühlmittel ab, so steigt seine Temperatur so lange an, als in ihm mehr Wärme, als er an seine Umgebung abgibt, entwickelt wird. Es wird also schließlich ein Endzustand der Temperatur erreicht, wenn der Körper ebensoviel Wärme entwickelt, wie er abgibt. Diese „Enderwärmung“ $\theta$ errechnet sich aus Gl. (164). Sie kann erst nach der Zeit $\frac{t}{T} = \infty$ erreicht werden, denn die Integration der Gl. (165) ergibt die Gleichung der Erwärmungskurve:

$$\frac{\vartheta}{\theta} = 1 - e^{-\frac{t}{T}}. \tag{166}$$

Die praktische Bedeutung von $\frac{t}{T} = \infty$ geht aus dem Verlauf der Erwärmungskurve hervor, denn schon bei $\frac{t}{T} = 5$ ist

$\vartheta = 0{,}993\,\theta$, also ist nach fünf Zeitkonstanten praktisch schon die Enderwärmung da.

Wird im betrachteten Körper keine Wärme entwickelt, so gibt er Wärme an die Umgebung ab, seine Temperatur sinkt, er „kühlt ab“. Dieser Abkühlungsvorgang wird durch folgende Gleichung dargestellt:

$$\frac{\vartheta}{\theta} = e^{-\frac{t}{T}}. \tag{167}$$

Man sieht, daß auch die Abkühlung auf Umgebungstemperatur schon nach etwa fünf Zeitkonstanten beendet ist.

Aufgabe des Konstrukteurs ist es, für eine möglichst gute Kühlung der Maschine, insbesondere ihrer Wicklungen zu sorgen. Eine vollständig gekapselte Maschine ohne Lüfter erwärmt sich zwar langsamer, wird aber bei derselben Wärmeentwicklung wärmer, als eine offene Maschine, durch die Luft hindurchgeblasen wird. Bei dicker Isolation, also langen Wärmewegen mit großem Widerstand werden die isolierten Teile bedeutend wärmer als die äußere Oberfläche.

Vom Standpunkt der Kühlung aus betrachtet kann man drei Ausführungsarten unterscheiden: 1. Kapselung ohne Lüfter, bei der die Wärme nur durch die Außenfläche an die umgebende (ruhende) Luft abgegeben wird (Wärmeübergang und Strahlung); 2. Kapselung mit Außenlüfter, der die Luft über die Außenfläche mit großer Geschwindigkeit bläst, wobei zweckmäßig ein Innenlüfter die Wickelkopfwärme an die Gehäusewand wirft; 3. offene Maschine, bei der die Außenluft in alle Teile der Maschine eindringen kann und durch den Umlauf des Läufers oder eines mit dem Läufer umlaufenden Lüfters heftig bewegt wird. Wasserstoff-Kühlung erfordert luftdichte Kapselung und ist daher nur für Riesenmaschinen wirtschaftlich.

## XIV. Entwurf

Der Wirkungsgrad jeder Maschine ist das Verhältnis der abgegebenen Leistung $N_a$ zur zugeführten Leistung $N_z$. Die Differenz dieser Leistungen ist die Verlustleistung $N_v$. Die Stromwärmeverluste sind im Ständer und Läufer ungefähr gleich, ebenso sind die Eisenverluste des Ständers ungefähr gleich den

Reibungs- und Zusatzverlusten des Läufers. Man kann also etwa die halben Verluste auf den Ständer, die halben auf den Läufer aufteilen. Somit kann man die Luftspaltleistung $N_\delta$ mit hinreichender Genauigkeit gleichsetzen:

$$N_\delta = N_a + \frac{N_v}{2}. \tag{168}$$

Für den Wirkungsgrad $\eta$ findet man leicht die Beziehung:

$$\frac{N_v}{N_a} = \frac{1-\eta}{\eta}, \tag{169}$$

Dividiert man Gl. (152) durch $N_a$ und setzt Gl. (153) ein, so erhält man:

$$\frac{N_\delta}{N_a} = \frac{1+\eta}{2\eta}. \tag{170}$$

## 1. Entwurfsgrößen

Für den Entwurf sind Wirkungsgrad, Leistungsfaktor, Anlaßmoment, Kippmoment und Drehzahl vorgeschrieben. Für die zulässige Erwärmung bestehen ganz bestimmte Vorschriften. Der Verband Deutscher Elektrotechniker (VDE) hat „Regeln für elektrische Maschinen VDE 0530/2.51." herausgegeben, welche all diese Anforderungen enthalten. Außerdem hat der VDE Normen für Drehstrommotoren herausgegeben, von denen die Normenblätter DIN/VDE 2649 die allgemeine Normen-Übersicht, DIN/VDE 2650 offene Kurzschlußmotoren, DIN/VDE 2651 offene Schleifringmotoren und DIN/VDE 2700 Wellenstümpfe und Riemenscheiben dazu behandeln.

Für die Erwärmung $\theta^0$C einer elektrischen Maschine ist maßgebend die in ihr entwickelte Wärme Q und die Summe der Produkte der Kühlflächen $F$ mit den Wärmeübergangszahlen $\alpha$:

$$\theta = \frac{Q}{\Sigma \alpha F} = \text{const} \frac{A j}{\Sigma \alpha F}. \tag{171}$$

Es läßt sich ableiten, daß diese Temperatur $\theta$ auch proportional ist dem Produkt von Strombelag $A$ mal Stromdichte $j$, wo $A$ die Durchflutung der Wicklung auf 1 cm Bohrungsumfang bezogen und $j$ die Stromdichte in A/mm² des Leiterquerschnittes bedeuten.

Der Bohrungsdurchmesser der Maschine sei mit $d$, ihre Eisenpaketlänge mit $l$ bezeichnet, dann wird ihre Polteilung $\tau_p = \frac{\pi d}{2p}$, wo $p$ die Polpaarzahl ist. Der Fluß je Polpaar $\Phi$ ergibt sich dann aus der mittleren Luftspaltinduktion $B$ zu:

$$\Phi = \tau_p \cdot l \cdot B \cdot 10^{-8} = \frac{\pi d}{2p} \cdot l \cdot B \cdot 10^{-8}, \tag{172}$$

der Strombelag der Läuferwicklung $A_2$ für den Läuferstrom $I_2$ zu:

$$A_2 = \frac{m \cdot g_2 z_2 I_2'}{\tau_p} = \frac{2p\, m g_2 z_2 I_2}{\pi \cdot d}. \tag{173}$$

In Gl. (26) ist die Luftspaltleistung dargestellt. Setzt man in diese Gleichung die Ausdrücke für $\Phi$ und $I_2$ aus Gl. (172) und (173) ein, setzt man außerdem $k_{w2} = 0{,}96$ und $\cos\varphi_2 = 0{,}98$, so erhält man $N_\delta$ in kW:

$$N_\delta = \frac{4{,}25 \cdot \pi^2}{4 \cdot 60} \cdot 0{,}98 \cdot \frac{A_2}{100} \cdot \frac{B}{1000} \cdot d^2 \cdot l \cdot n_1 \cdot 10^{-6} = C \cdot d^2 \cdot l \cdot n_1 \cdot 10^{-6}, \tag{174}$$

$$C = 0{,}17 \cdot \frac{A_2}{100} \cdot \frac{B}{1000}. \tag{175}$$

$C$ ist die Essonsche Leistungszahl, ihre physikalische Bedeutung ergibt sich aus dem Drehmoment $M$ und dem Drehschub $\sigma$. Letzterer ist die spezifische Umfangskraft kg je 1 cm² Bohrungsfläche:

$$\sigma = \frac{100 \cdot M}{\frac{\pi}{2} \cdot d^2 \cdot l} = \frac{4{,}25}{4 \cdot 98{,}1} \cdot 0{,}98 \cdot \frac{A_2}{100} \cdot \frac{B}{1000}, \tag{176}$$

wenn man den Ausdruck für das Drehmoment aus Gl. (21) einsetzt. Daraus folgt, daß $C$ und $\sigma$ in einem einfachen Zahlenverhältnis zueinander stehen, das für Induktionsmaschinen sich ergibt als:

$$\frac{C}{\sigma} = \frac{98{,}1 \cdot \pi^2}{60} = 16{,}1. \tag{177}$$

Die mittlere Luftinduktion $B$ muß mit Rücksicht auf den Leerlaufstrom und $\cos\varphi$, also auf die Blindleistung, gewählt werden, während der Strombelag $A_2$ einerseits wegen der Streuung und damit wieder wegen des $\cos\varphi$ nicht zu groß, andrerseits mit Rücksicht auf $A \cdot j$, also auf die zulässige Erwärmung, gewählt werden muß. Aus Gl. (174) geht hervor, daß die Abmessungen einer Maschine um so kleiner werden, je größer $C$ bzw. $\sigma$ wird. Somit muß man das Produkt $A_2 \cdot B$ möglichst groß wählen.

Die Wärmeübergangszahl $\alpha_k$ nimmt zu mit zunehmender Kühlluftgeschwindigkeit, letztere ist wieder abhängig von der Umfangsgeschwindigkeit des Rad- oder Schraubenlüfters, die wieder mit der Polteilung und Drehzahl zunimmt. Da die Maschine fast synchron läuft, ist ihre Umfangsgeschwindigkeit $v$ gleichzusetzen:

$$v = \frac{\pi d n}{60} \approx 2 \cdot \tau_p \cdot f\,. \tag{178}$$

Somit ist die Kühlluftgeschwindigkeit bei gegebener Frequenz proportional der Polteilung. In Abb. 38 sind die Größen $C$, $Aj$, $A_1 = 1,1$ bis $1,2 \cdot A_2$ und B in Abhängigkeit von der Polteilung $\tau_p$ für offene Dreiphasenmaschinen bei einem Verhältnis $\frac{l}{\tau_p} = 1$ aufgetragen. Sie gelten für $p \geqq 2$, für $p = 1$ sind die Werte mit Rücksicht auf die größere Läuferkranzhöhe etwa 10% kleiner zu nehmen.

Das Nutenverhältnis $v_n = \frac{b_n}{\tau_n} = \frac{\text{Nutbreite}}{\text{Nutteilung}}$ wird bei Induktionsmaschinen mit 0,6 bis 0,7 gewählt, die mittlere Zahninduktion über $^2/_3$ Polteilung (Abschnitt IV, 3) mit 14000 bis 15000 (in halber Nuthöhe), über volle Polteilung mit 16000 bis 17000. Die Induktion im Ständerkranz wählt man mit 12000 bis 14000, im Läuferkranz bis 15000. Der Luftspalt $\delta$ wird möglichst gering gewählt, soweit er nicht genormt ist, kann man ihn annähernd als Kleinstwert in cm nach folgender Formel berechnen:

$$\delta_{\text{cm}} = 0,025 + 0,0001 \cdot \tau_p \cdot l\,. \tag{179}$$

Oberflächengekühlte gekapselte Maschinen können etwa wie offene berechnet werden, gekapselte Maschinen ohne künstliche Belüftung muß man mit rund den halben Werten von $Aj$ und $C$ der Abb. 38 entwerfen. Für $\frac{l}{\tau_p} = 2$ sind die Werte ebenfalls etwa 8% kleiner zu nehmen. Das Verhältnis $\frac{l}{\tau_p}$ kann

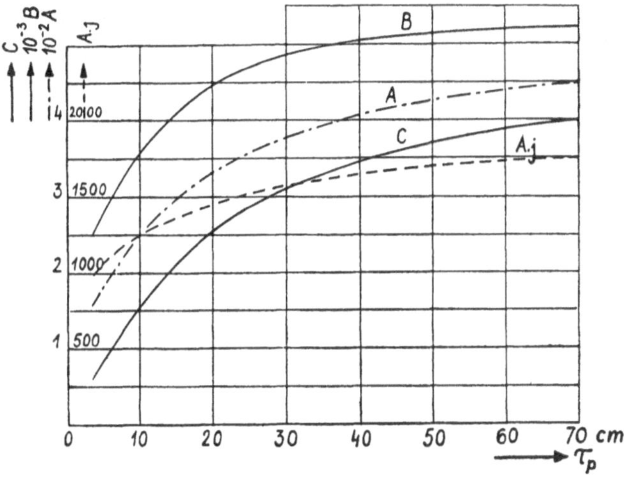


Abb. 38. Kurven für die Bemessung von Induktionsmaschinen

zwischen 0,8 und 2 gewählt werden, meist führt man mehrere (2 bis 3) Glieder einer Typenreihe mit gleichem Durchmesser aus.

Die Eisenverluste ermittelt man nach der Verlustziffer für $B = 10000$ G der verwendeten Blechsorte, indem man sie im Quadrat der betreffenden örtlichen Induktion, also $\left(\frac{B}{10000}\right)^2$ umrechnet. Für Bearbeitung und Einfluß der Oberwellen rechnet man mit einem Zuschlag, der bei den Zähnen, soweit sie Wechselflüsse führen, mit 100%, beim Kranz mit 30% geschätzt werden kann.

Die Reibungsverluste gliedern sich in Lagerreibung, Lüfterleistung, Luftreibung und Bürstenreibung. Die Lagerreibung ist bei Gleitlagern größer, etwa $^1/_2$ bis 1% der Maschinenleistung, bei Wälzlagern, wo sie meist in den Wälzlagerlisten angegeben ist, wesentlich kleiner. Die Lüfterleistung einschließlich Luftreibung kann man aus der Druckhöhe des Lüfters, der geförderten Luftmenge und dem Wirkungsgrad der Lüftung ermitteln, sie beträgt geschätzt etwa $^1/_2$ bis 1% der Maschinenleistung. Die Bürstenreibung $N_{br}$ erhält man in $W$ aus dem Bürstendruck $p_b$ (meist 0,15 kg/cm²), der gesamten Bürstenfläche $F_b$ in cm², der in den Bürstenlisten angegebenen Reibungszahl $\varrho$ und der Umfangsgeschwindigkeit der Schleifringe $v_b$ m/sec zu: $N_{br} = 9{,}81 \cdot F_b \cdot \varrho \cdot p_b \cdot v_b$.

Die Bürstenübergangsverluste $N_ü$, welche einen Teil der elektrischen Läuferleistung bilden, errechnet man in $W$ aus dem Produkt von Läuferstrom $I_2$ und Bürstenübergangsspannung $U_ü$, welch letztere ebenfalls in den Bürstenlisten angegeben ist, zu: $N_ü = 3 \cdot I_2 \cdot U_ü$.

Die Zusatzverluste, welche durch zusätzliche Wirbelströme meist in den tragenden Teilen der Maschine entstehen, schätzt man mit 1%.

## 2. Kurzschlußläufer

Die Entwurfsgrößen kann man wie bei Schleifringmotoren wählen, nur muß man dabei Abschnitt IX, 1, 2 und 5 berücksichtigen, insbesondere ist die richtige Wahl der Stabzahl $Z_2$ wichtig, um unliebsame Überraschungen am Prüfstande zu vermeiden. Bei der Erwärmungsberechnung ist zu berücksichtigen, daß der größte Teil der Läuferwärme durch den Luftspalt in den Ständer übergeht. Da man meist Rundstäbe unisoliert in die Läufernuten legt, ist der Wärmeübergang zum Läufereisen gut. Die Streuung der Läuferwicklung ist viel kleiner als beim Schleifringmotor, daher sind in den Normen auch bessere Leistungsfaktoren und, wegen der geringen Ausladung der Läuferwicklung, höhere Wirkungsgrade vorgeschrieben.

### 3. Stromverdrängungsläufer

Tiefnutläufer sind wie gewöhnliche Käfigläufer zu berechnen, sie haben nur eine weit größere Streuung, also geringen Anlaßstrom, geringes Anlaß- und Kippmoment, aber auch einen niedrigen Leistungsfaktor.

Bei Wirbelstromläufern steigt mit zunehmender Läuferfrequenz der Läuferwiderstand, während die Läuferstreuung sinkt. Nach Field (37) und Rogowski (38) ist eine Größe $\xi = \alpha \cdot h$ maßgebend für die Widerstandserhöhung in einer parallelflankigen Nut bei Wechselstromdurchflutung, wo $h$ die Stabhöhe in cm bedeutet, während die Zahl $\alpha$ sich nach Rogowski ergibt aus Frequenz $f$, spezifischer Stromleitfähigkeit $\varkappa$, blanker Stabbreite $a$ und Nutbreite $b$ zu:

$$\alpha = \sqrt{\frac{f}{50} \cdot \frac{\varkappa}{50} \cdot \frac{a}{b}}\,. \tag{180}$$

Nach Emde (39) ist dieselbe Größe $\xi$ auch maßgebend für die Verringerung der Nutenstreuung bei Wechselstrom. In Abb. 39 sind die vier maßgebenden Funktionen $\varphi(\xi)$, $\psi(\xi)$, $\lambda(\xi)$ und $\mu(\xi)$ in Abhängigkeit von $\xi$ aufgetragen, alle vier setzen sich aus hyperbolischen und Kreisfunktionen des Winkels $\xi$ zusammen.

Man erhält für das Verhältnis $k_r$ des Wechselstromwiderstandes $r_w$ zum Gleichstromwiderstand $r_g$ den Ausdruck:

$$k_r = \frac{r_w}{r_g} = \varphi(\xi) + \frac{m^2 - 1}{3} \cdot \psi(\xi)\,, \tag{181}$$

wo $m$ die Anzahl der in einer Nut übereinanderliegenden Stäbe mit je der Höhe $h$ bedeutet. Ebenso erhält man das Verhältnis $k_x$ der Nutstreuung bei Wechselstrom (Stromverdrängung) zur Nutstreuung bei Gleichstrom den Ausdruck:

$$k_x = \frac{\lambda_w}{\lambda_g} = \frac{1}{m^2} \cdot \lambda(\xi) + \frac{m^2 - 1}{m^2} \cdot \mu(\xi)\,. \tag{182}$$

Da bei einer solchen Maschine $r$ und $x$ mit der Läuferfrequenz, also mit der Drehzahl veränderlich sind, gilt für jede Drehzahl ein anderes Kreisdiagramm und aus diesem wieder nur der Drehzahlpunkt, für den es berechnet ist. Der

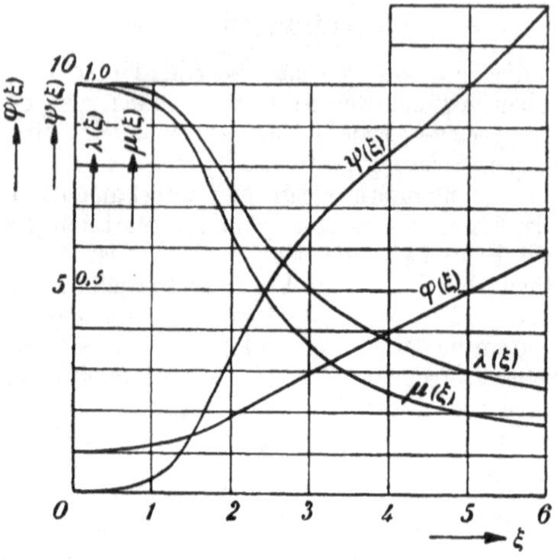


Abb. 39. Kurven für die Bemessung von Stromverdrängungsmotoren

geometrische Ort dieser Punkte gibt das wirkliche Stromdiagramm der Maschine, wobei für jeden Punkt die in Abschnitt IV, 5 abgeleiteten Beziehungsgrößen, wie Drehmoment, Leistungsfaktor usw. gelten. Für eine gegebene Länderfrequenz erhält man gemäß Gl. (142) und Gl. (181) den auf den Ständer umgerechneten Läuferwiderstand $r_2$ zu:

$$(183)\qquad r_2 = 0{,}577 \cdot g_1^2 z_1^2 \left(r_r + k_r \cdot \frac{2\pi^2 p^2}{Z_2} \cdot r_{St}\right)$$

und den Streublindwiderstand $x_2$ zu:

$$(184)\qquad x_2 = \omega \cdot 4\pi \cdot 10^{-9} \cdot p \cdot g_1^2 z_1^2$$

$$\cdot\, 2\left[\frac{2mp \cdot k_{w2} \cdot k_x \cdot \lambda'_{n2}}{Z_2} \cdot l - (1-c) \cdot \Lambda_s + \Lambda_z - \Lambda_{z0} \cdot\right].$$

Mit diesen Werten kann man den zugehörigen Kreis und damit einen Punkt des Stromdiagramms ermitteln.

Bei Doppelnutläufern ist der Berechnungsvorgang etwas umständlicher (40). Auch hier muß man für jede Läuferdrehzahl oder -frequenz einen Kreis aufstellen, von dem nur ein Punkt dem Stromdiagramm entspricht. Baffrey (41) hat ein einfaches, halb graphisches Verfahren zur Berechnung von Doppelnutläufern angegeben, das hier verbessert und in ein rein analytisches umgewandelt werden soll (42). Bei einer Läufernutung nach Abb. 27c oder 27d sind der Scheinwiderstand des äußeren Käfigs $z_a = \sqrt{r_a^2 + x_a^2}$ und der des inneren Käfigs $z_i = \sqrt{r_i^2 + x_i^2}$ parallelgeschaltet. Dementsprechend spaltet sich der Läuferstrom $I_2$ in die Teilströme $I_a$ im äußeren und $I_i$ im inneren Käfig. Auf beide Käfige wirkt die EMK $E_2$, somit wird:

$$(185) \quad I_a = \frac{E_2}{z_a} \quad \text{und} \quad (186) \quad I_i = \frac{E_2}{z_i}.$$

In Abb. 40 ist das Vektordiagramm der Spannungen und Ströme dargestellt. Ausgehend von $U_1$ findet man die Spannungsabfälle $I_0 x_1$ und $I_0 r_1$ des Leerlaufstromes und $I_2 r_1$ und

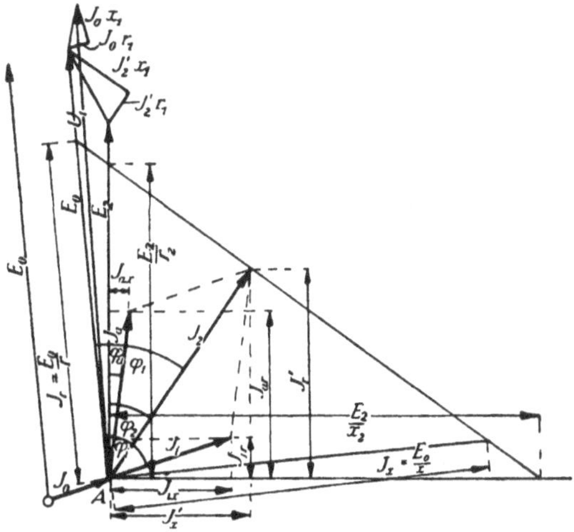

Abb. 40. Vektordiagramm zur Bemessung eines Doppelnutmotors

$I_2 x_1$ des Belastungsstromes für das Übersetzungsverhältnis 1. Vorerst sei die Richtung $E_2$ als Ordinatenachse, die Senkrechte dazu als Abszissenachse angenommen. Man erhält $\cos\varphi_a = \frac{r_a}{z_a}$ und $\cos\varphi_i = \frac{r_i}{z_i}$ und die Stromkomponenten

$$I'_r = I_a \cos\varphi_a + I_i \cos\varphi_i = E_2\left(\frac{r_a}{z_a^2} + \frac{r_i}{z_i^2}\right), \text{ sowie}$$

$$I'_x = I_a \sin\varphi_a + I_i \sin\varphi_i = E_2\left(\frac{x_a}{z_a^2} + \frac{x_i}{z_i^2}\right).$$

Aus diesen beiden Werten erhält man den Strom $I_2$ zu:

$$(187) \qquad I_2 = \sqrt{I_r'^2 + I_x'^2} = E_2 \sqrt{\left(\frac{r_a}{z_a^2} + \frac{r_i}{z_i^2}\right)^2 + \left(\frac{x_a}{z_a^2} + \frac{x_i}{z_i^2}\right)^2}.$$

Den resultierenden Wirkwiderstand beider Käfige $r_2$ erhält man aus $\frac{E_2}{r_2} = \frac{I_2^2}{I_r}$ zu:

$$(188) \qquad r_2 = \frac{(r_a z_i^2 + r_i z_a^2) z_a^2 z_i^2}{(r_a z_i^2 + r_i z_a^2)^2 + (x_a z_i^2 + x_i z_a^2)^2},$$

den resultierenden Streublindwiderstand $x_2$ erhält man aus $\frac{E_2}{x_2} = \frac{I_2^2}{I'_x}$ zu:

$$(189) \qquad x_2 = \frac{(x_a z_i^2 + x_i z_a^2) z_a^2 z_i^2}{(r_a z_i^2 + r_i z_a^2)^2 + (x_a z_i^2 + x_i z_a^2)^2}.$$

Nunmehr kann man die Widerstände $r = r_1 + r_2$ und $x = x_1 + x_2$ bilden. Zur Aufzeichnung des Kreises schwenkt man jetzt das Koordinatensystem nach $E_0$ und die Senkrechte dazu. Man bildet noch $z = \sqrt{r^2 + x^2}$ und findet $\cos\varphi_1 = \frac{r}{z}$ und $\sin\varphi_1 = \frac{x}{z}$. Die Kreisdurchmesser sind:

$$(190) \qquad I_r = \frac{E_0}{r} \quad \text{und} \quad (191) \qquad I_x = \frac{E_0}{x}.$$

Aus Gl. (185) und Gl. (187) erhält man nach einigen Umformungen:

(192) $$\frac{I_a}{I_2} = \frac{z_a z_i^2}{\sqrt{(r_a z_i^2 + r_i z_a^2)^2 + (x_a z_i^2 + x_i z_a^2)^2}}$$

und aus Gl. (186) und Gl. (187):

(193) $$\frac{I_i}{I_2} = \frac{z_a^2 z_i}{\sqrt{(r_a z_i^2 + r_i z_a^2)^2 + (x_a z_i^2 + x_i z_a^2)^2}}.$$

Die Widerstände $r_a$ und $r_i$ berechnet man dabei aus Gl. (142), indem man die für die Käfige gefundenen Werte durch den Schlupf $s$ dividiert, der jener Läuferfrequenz entspricht, für welche der Kreis jeweils aufgestellt werden soll.

## 4. Berechnungsbeispiele

### a) Schleifringmotor

Ein Schleifringmotor in offener Ausführung mit eingebautem Lüfter für eine Nennleistung von 11 kW bei etwa 1410 U/min (50 Hz) ist zu entwerfen. Spannung 380/220 V, $\eta = 85{,}5\%$, $\cos\varphi = 0{,}86$,

Strangstrom $I_1 = \frac{11000}{3 \cdot 220 \cdot 0{,}855 \cdot 0{,}86} = 22{,}7$ A.

Luftspaltleistung $N_\delta = \frac{1 + 0{,}855}{2 \cdot 0{,}855} \cdot 11000 = 11930$ W.

Annahme: $\frac{l}{\tau_p} = 1$, $d = 17{,}5$ cm, $\tau_p = 13{,}75$ cm.

Aus Abb. 38 findet man für $\tau_p = 13{,}75$ die Werte:

$$C = 1{,}8, \quad A \cdot j = 1220, \quad A = 283, \quad B = 4000 \text{ G},$$

somit wird:

$$l = \frac{11930}{1{,}8 \cdot 17{,}5^2 \cdot 1500} = 14{,}5 \text{ cm}.$$

Der Fluß ergibt sich dann zu:

$$\Phi = 14{,}5 \cdot 13{,}75 \cdot 4000 \cdot 10^{-8} = 0{,}79 \cdot 10^{-2} \text{ Voltsekunden.}$$

Ständer. Dreilochwicklung, $g_1 = 3$, Nutung nach Abb. 41. Spannungsabfall geschätzt = 20 V, somit Phasen-EMK $E_1 = 220 - 20 = 200$ V.

Leiterzahl je Nut:

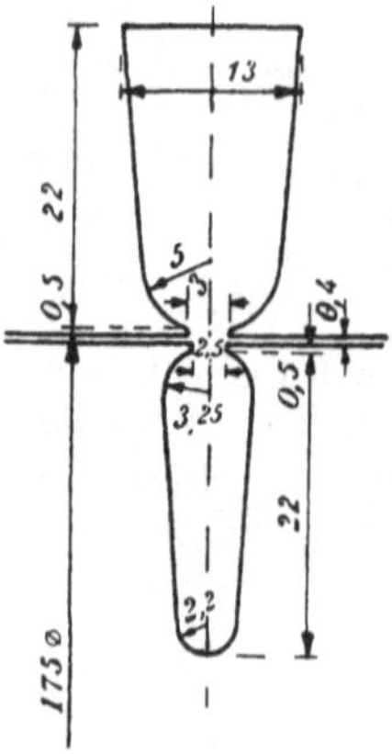


Abb. 41. Nutenschnitt der berechneten dreiphasigen Schleifringmaschine

$$z_1 = \frac{200 \cdot 10^2}{4{,}26 \cdot 50 \cdot 2 \cdot 3 \cdot 0{,}78} = 20.$$

Strombelag:

$$A_1 = \frac{3 \cdot 3 \cdot 20 \cdot 22{,}7}{13{,}75} = 297 \text{ A/cm},$$

Induktion: $B = \frac{0{,}78}{0{,}79} \cdot 4000 = 3950 \text{ G}.$

Leiterabmessungen: 3 Drähte parallel lackisoliert 1,5/1,57 mm ∅. Querschnitt wirklich: $q_1 = 3 \cdot 1{,}77 = 5{,}31 \text{ mm}^2$, Stromdichte $= \frac{22{,}7}{5{,}31} = 4{,}28 \text{ A/mm}^2$. Zusammen 60 Drähte je Nut. Nutisolation: Glasseidengewebe lackgetränkt 0,3 mm dick. Wickelraum einer Nut $= 220 \text{ mm}^2$, Drahtdurchmesser mit 10% Zuschlag $= 1{,}73$ mm Drahtraum $= 60 \cdot 1{,}73^2 = 180 \text{ mm}^2$, Nutisolation mit 10% Zuschlag $= 67 \cdot 0{,}33 = 22 \text{ mm}^2$, somit ausreichend.

Polteilung in halber Nuthöhe $\tau_p' = 15{,}5$ cm.
Freie Wickelkopflänge $l_s = 1{,}8 \cdot \tau_p' = 1{,}8 \cdot 15{,}5 = 28{,}0$ cm.
Mittlere Länge einer Windung $l_m = 2(0{,}280 + 0{,}145) = 0{,}85$ m.

Widerstand eines Stranges: $r_1 = \frac{2 \cdot 3 \cdot 20 \cdot 0{,}85}{57 \cdot 5{,}31} = 0{,}337$ Ohm kalt, 0,445 Ohm warm bei 80° Erwärmung (zulässig nach VDE bei der gewählten Isolation).

Stromwärmeverluste: $3 \cdot 22{,}7^2 \cdot 0{,}445 = 687$ W.

Kupfergewicht $G_1 = \frac{8{,}9}{1000} \cdot 3 \cdot 2 \cdot 3 \cdot 20 \cdot 0{,}85 \cdot 5{,}31 = 14{,}5$ kg.

Äußerer Kranzdurchmesser = 265 mm,

Kranzhöhe $= \frac{265 - 220}{2} = 22{,}5$ mm.

Luftspalt nach DIN/VDE 2651 genormt mit 0,4 mm.

Läufer. Vierlochwicklung, $g_2 = 4$. Nutung nach Abb. 41.
Bürstenspannung nach DIN/VDE 2651: 51 bis 76 oder 126 bis 230 V.

Leiterzahl je Nut gewählt: $z_2 = 7$,

Bürstenspannung $= \frac{7 \cdot 4}{20 \cdot 3} \cdot 380 = 178$ V.

Spannungsabfall geschätzt mit 27 V/Phase

Phasen-EMK bei Vollast: $E_2 = \frac{7 \cdot 4}{20 \cdot 3}(220 - 27) = 90$ V.

Läuferstrom $I_2 = \frac{N_\delta}{3 \cdot E_2} = \frac{11\,930}{3 \cdot 90} = 44$ A.

Strombelag: $A_2 = \frac{3 \cdot 4 \cdot 7 \cdot 44}{13{,}75} = 270$ A/cm,

Leiterabmessungen: 2 Drähte parallel lackisoliert 2,2/2,28 mm ∅.

Querschnitt wirklich: $q_2 = 2 \cdot 3{,}8 = 7{,}6$ mm², Stromdichte $= \frac{44}{7{,}6}$ $= 5{,}92$ A/mm². Zusammen 14 Drähte je Nut.

Nutisolation: Glasseidengewebe lackgetränkt 0,3 mm dick.

Wickelraum einer Nut = 114 mm², Drahtdurchmesser mit 10% Zuschlag = 2,5 mm, Drahtraum $= 14 \cdot 2{,}5^2 = 87{,}5$ mm², Nutisolation mit 10% Zuschlag $= 50 \cdot 0{,}33 = 22$ mm², somit ausreichend.

Polteilung in halber Nuthöhe $\tau'_p = 11$ cm.

Freie Wickelkopflänge $l_s = 1{,}9 \cdot 11 = 21$ cm.

Mittlere Länge einer Windung $l_m = 2(0{,}21 + 0{,}145) = 0{,}71$ m.

Widerstand eines Stranges:

$$r_2 = \frac{2 \cdot 4 \cdot 7 \cdot 0{,}71}{57 \cdot 7{,}6} = 0{,}092 \text{ Ohm kalt, } 0{,}121 \text{ Ohm warm bei } 80^0$$

Erwärmung, wie zulässig.

Stromwärmeverluste: $3 \cdot 44^2 \cdot 0{,}121 = 700$ W.

Kupfergewicht $G_2 = \frac{8{,}9}{1000} \cdot 3 \cdot 2 \cdot 4 \cdot 7 \cdot 0{,}71 \cdot 7{,}6 = 8{,}1$ kg.

Innerer Kranzdurchmesser = 90 mm,

Kranzhöhe $= \frac{129{,}2 - 90}{2} = 19{,}6$ mm.

Der scheinbare Luftspalt ergibt sich aus dem Carterschen Diagramm

$$x_1 = \frac{3}{15{,}3 - 3} = 0{,}244, \quad y_1 = \frac{3}{0{,}4} = 7{,}5, \quad k_1 = 1{,}14,$$

$$x_2 = \frac{2{,}5}{11{,}4 - 2{,}5} = 0{,}28, \quad y_2 = \frac{2{,}5}{0{,}4} = 6{,}25, \quad k_2 = 1{,}14$$

und damit der scheinbare Luftspalt $\delta' = 1{,}28 \cdot 0{,}4 = 0{,}512$ mm.

Leerlaufstrom. Für die Berechnung des Magnetisierungsstromes sind die Querschnitte und Längen der einzelnen Wegstücke für den ganzen magnetischen Kreis berechnet worden, die Kranzlängen sind über $\frac{2}{3}\tau_r$ gemessen, für die anderen Teile sind die Längen je doppelte Einzellänge, weil sie zweimal vom Fluß durchsetzt werden. Der Fluß, der bei Leerlauf und einem Spannungsabfall des Leerlaufstromes von etwa 10 V den Wert $0{,}815 \cdot 10^{-2}$ im Ständerkranz annimmt, hat bei Vollast im Ständerkranz die Größe von $0{,}78 \cdot 10^{-2}$ Vs.

Tabelle für die Berechnung des Magnetisierungsstromes

| Teilpfad | $100 \cdot \Phi$ | $x$ | $100 \cdot x \cdot \Phi$ | $F$ cm² | Induktion | AW/cm | $l$ cm | AW |
|---|---|---|---|---|---|---|---|---|
| Kranz | 0,78 | 1,0 | 0,78 | 58,5 | 13300 | 9,2 | 12,5 | 112 |
| Zahnhals | 0,78 | 1,36 | 1,06 | 73 | 14500 | 16 | 3,4 | 54 |
| Zahnkopf | 0,78 | 1,36 | 1,06 | 98 | 10800 | 4 | 1,0 | 4 |
| Luftspalt | 0,78 | 1,36 | 1,06 | 199 | 5320 | 4260 | 0,1024 | 436 |
| Zahnkopf | 0,78 | 1,36 | 1,06 | 93 | 11400 | 4 | 0,6 | 3 |
| Zahnhals | 0,78 | 1,36 | 1,06 | 69 | 15400 | 25 | 3,4 | 85 |
| Zahnwurzel | 0,78 | 1,36 | 1,06 | 81 | 13100 | 8 | 0,4 | 3 |
| Kranz | 0,78 | 1,0 | 0,78 | 51,5 | 15000 | 21 | 5,8 | 122 |

Summe der Magnetisierungs-AW = 819

Magnetisierungsstrom $I_\mu = \frac{819}{2{,}25 \cdot 3 \cdot 20} = 6{,}1$ A.

Für die Eisenverluste wird beim Kranz ein Bearbeitungszuschlag von 30%, bei den Zähnen ein solcher von 100% in Rechnung gesetzt. Weil der Schlupf sehr klein ist, können die Läufereisenverluste vernachlässigt werden. Für weitere Zusatzverluste soll noch ein Zuschlag von ½% = 55 Watt gemacht werden.

Ständerkranzgewicht:

$$G_{kl} = 0{,}9 \cdot \frac{7{,}8}{1000} \cdot (26{,}5^2 - 22^2)\frac{\pi}{4} \cdot 14{,}5 = 17{,}2 \text{ kg}.$$

Kranzeisenverluste: $N_{ek} = 1{,}3 \cdot 3{,}6 \cdot 1{,}33^2 \cdot 17{,}2 = 133$ W.

Zahngewicht:

$$G_{zl} = 0{,}9 \cdot \frac{7{,}8}{1000} \cdot \left[(22^2 - 17{,}5^2)\frac{\pi}{4} \cdot - 36 \cdot 2{,}4\right] \cdot 14{,}5 = 5{,}6 \text{ kg}.$$

Zahninduktion über ganze Polteilung: $B_z = \frac{1{,}45}{1{,}36} \cdot 14500 = 15400$ G.

Zahneisenverluste: $N_{ez} = 2 \cdot 3{,}3 \cdot 1{,}54^2 \cdot 5{,}6 = 88$ W.

Die Verlustziffer wurde dabei mit $v_{10} = 3{,}3$ W/kg eingesetzt, der Eisenfüllfaktor mit 0,9 wie bei der Berechnung der Eisenquerschnitte.

Reibungsverluste einschließlich Lüfterleistung und Bürstenreibung: 150 W (Wälzlager).

Gesamte Eisenverluste: $N_{ve} = 133 + 88 = 221$ W.

Eisenverluststrom: $I_e = \dfrac{221}{3 \cdot 200} = 0{,}37$ A.

Läuferkranzgewicht:

$$G_{k2} = 0{,}9 \cdot \frac{7{,}8}{1000} (12{,}92^2 - 9^2) \frac{\pi}{4} \cdot 14{,}5 = 6{,}9 \text{ kg}.$$

Zahngewicht:

$$G_{z2} = 0{,}9 \cdot \frac{7{,}8}{1000} \cdot \left[(17{,}42^2 - 12{,}92^2) \frac{\pi}{4} - 48 \cdot 1{,}12\right] = 5{,}6 \text{ kg}.$$

Die Streublindwiderstände werden aus den Streuleitwerten berechnet, sie sind auf die Ständerwindungszahl bezogen.

Ständernutenstreuung:

$$\lambda_{nl} = \frac{17}{30} + 0{,}7 + \frac{0{,}5}{3} = 1{,}434\,, \quad \Lambda_{nl} = \frac{0{,}96 \cdot 1{,}434}{3} \cdot 14{,}5 = 6{,}65 \text{ cm}$$

Ständerzahnkopfstreuung:

$$\Lambda_{z0} = \frac{0{,}96(11{,}4 - 3 - 2{,}5)}{6 \cdot 0{,}4 \cdot 3} \cdot 14{,}5 = 11{,}4 \text{ cm},$$

Wickelkopfstreuung: $\Lambda_s = 0{,}7 \cdot 28{,}0 - 0{,}4 \cdot 15{,}5 = 13{,}2$ cm,

Spaltstreuung:

$$\Lambda_z = \left(0{,}00126 + 0{,}032 \cdot \frac{3^2 + 4^2}{3^2 \cdot 4^2}\right) \cdot \frac{14{,}5 \cdot 13{,}75}{1{,}28 \cdot 0{,}04} = 26{,}5 \text{ cm},$$

Läufernutenstreuung:

$$\lambda_{n2} = \frac{16{,}5}{3 \cdot 6{,}5} + 0{,}7 + \frac{0{,}5}{2{,}5} = 1{,}75, \quad \Lambda_{n2} = \frac{0{,}955 \cdot 1{,}75}{4} \cdot 14{,}5 = 6{,}0 \text{ cm}.$$

Streublindwiderstände:

Ständer:

$x_1 = 2\pi \cdot 50 \cdot 4\pi \cdot 10^{-9} \cdot 2 \cdot 3^2 \cdot 20^2 \cdot 2(6{,}65 + 0{,}9 \cdot 13{,}2 + 11{,}4) = 1{,}70$ Ohm,

Läufer:

$x_2 = 2\pi \cdot 50 \cdot 4\pi \cdot 10^{-9} \cdot 2 \cdot 3^2 \cdot 20^2 \cdot 2(6{,}0 + 26{,}5 - 11{,}4) = 1{,}2$ Ohm.

Leerlauf-EMK: $E_0 = 220 - 6{,}1 \cdot 1{,}77 = 209{,}2$ V.

Kontrolle der EMK $E_1$ (bei $\cos\varphi = 0{,}86$):

$$\begin{array}{rr} 220\cdot 0{,}86 = 189\ \text{V} & 220\cdot 0{,}51 = 112\ \text{V} \\ -\,22{,}7\cdot 0{,}445 = \underline{10{,}1\ \text{V}} & -\,22{,}7\cdot 1{,}70 = \underline{38{,}6\ \text{V}} \\ 178{,}9\ \text{V} & 73{,}4\ \text{V} \end{array}$$

$$E_1 = \sqrt{178{,}9^2 + 73{,}4^2} = 193\ \text{V}.$$

Bürstenübergangsverluste: $N_{v\ddot{u}} = 3\cdot 0{,}3\cdot 44 = 40$ W.

Gesamtverluste: $N_v = 687 + 55 + 221 + 40 + 700 + 150 = 1853$ W,

Wirkungsgrad: $\eta = \dfrac{1100000}{12853} = 85{,}5\%$.

Schlupf: $s = \dfrac{700 + 40}{11000 + 700 + 40 + 150} = 0{,}0623$,

Drehzahl: $n = (1 - 0{,}0623)\cdot 1500 = 1407$ U/min.

Kontrolle des $\cos\varphi$:

$$r_2' = \left(\frac{3\cdot 20}{4\cdot 7}\right)^2\cdot 0{,}121 = 0{,}555\ \text{Ohm},\qquad \frac{r_2'}{s} = \frac{0{,}555}{0{,}0623} = 8{,}91\ \text{Ohm},$$

$$i_2 = \frac{4\cdot 7}{3\cdot 20}\cdot 44 = 20{,}5\ \text{A},$$

$$r_1 + \frac{r_2'}{s} = 0{,}445 + 8{,}91 = 9{,}355\ \text{Ohm},$$

$$x_1 + x_2 = 1{,}70 + 1{,}2 = 2{,}90\ \text{Ohm},$$

$$z = \sqrt{9{,}355^2 + 2{,}90^2} = 9{,}80\ \text{Ohm},$$

$$\cos\varphi_1 = \frac{9{,}355}{9{,}80} = 0{,}955,\qquad \sin\varphi_1 = \frac{2{,}90}{9{,}80} = 0{,}297.$$

$$\begin{array}{lr} 20{,}5\cdot 0{,}955 \quad = 19{,}55\ \text{A} & 20{,}5\cdot 0{,}297 = 6{,}1\ \text{A} \\ \text{Eisenverluste} \quad \underline{0{,}37\ \text{A}} & \text{Magnetis. Str.}\ \underline{6{,}1\ \text{A}} \\ 19{,}92\ \text{A} & 12{,}2\ \text{A} \end{array}$$

$$I_1 = \sqrt{19{,}92^2 + 12{,}2^2} = 23{,}3\ \text{A},$$

$$\cos\varphi = \frac{19{,}92}{23{,}3} = 0{,}855.$$

Wirksames Wicklungsgewicht: $G_w = 15 + 8{,}1 = 23{,}1$ kg,

wirksames Eisengewicht: $G_e = 17{,}2 + 5{,}6 + 6{,}9 + 5{,}6 = 35{,}3$ kg.

Das Kippmoment ergibt sich aus dem Kreisdiagramm oder der

Berechnung für den Kippschlupf von 0,2 zu 12,8 mkg. Das Drehmoment bei Nennlast ist $0{,}973 \cdot \frac{11\,000}{1407} = 7{,}6$ mkg.

## b) Kurzschlußmotor

Zunächst sei ein Käfigläufer mit Aluminium-Spritzgußkäfig berechnet, Nutung wie in Abb. 41, jedoch mit 46 Läufernuten. Weil die Nuthöhe 22 mm beträgt, muß die Stromverdrängung berücksichtigt werden. Der Einfachheit halber kann man hier näherungsweise so rechnen, als ob die Nuten rechteckig wären mit einer mittleren Breite von 5,5 mm und der Annahme, daß die Nutverbreiterung nach Außen sich so auswirkt, als ob $\frac{a}{b} = \frac{5{,}5}{6{,}5} = 0{,}845$ wäre. Es ergibt sich dann:

$$\alpha = \frac{35}{57} \cdot 0{,}845 = 0{,}72, \quad \xi = \alpha \cdot h = 0{,}72 \cdot 22 = 1{,}59.$$

Widerstandserhöhung in den Läuferstäben bei Anlauf (aus Abb. 39):

$$\frac{r_w}{r_g} = \varphi(\xi) = 1{,}46.$$

Läuferwiderstand auf Ständerseite bezogen:

Stabquerschnitt $q_{St} = 114\ \text{mm}^2$,

mittlere Länge eines Stabes $l_{St} = 0{,}16$ m,

Kurzschlußringe ⌀ $22 \cdot 9{,}1$ mm, $q_R = 200\ \text{mm}^2$, Länge $l_R = 0{,}47$ m.

Widerstand kalt $r_2 = 0{,}577 \cdot 3^2 \cdot 60^2 \left(\frac{0{,}47}{35 \cdot 200} + \frac{2\pi^2 \cdot 4 \cdot 0{,}16}{46 \cdot 35 \cdot 114}\right) = 0{,}282$ Ohm,

warm bei 80° Erwärmung $r_2 = 1{,}32 \cdot 0{,}282 = 0{,}372$ Ohm.

Der Ständer bleibt unverändert, also bleiben auch $r_1$ und $x_1$ unverändert. Der Magnetisierungsstrom wird etwas kleiner, 5,95 A, weil die Induktion in den Läuferzähnen (46 anstatt 48 Nuten) etwas geringer wird, als beim Schleifringmotor.

Läufernutenstreuung:

$$\lambda_{n2} = 1{,}75, \quad \Lambda_{n2} = \frac{0{,}955 \cdot 1{,}75 \cdot 3 \cdot 4 \cdot 14{,}5}{46} = 6{,}3\ \text{cm}.$$

Spaltstreuung:

$$\Lambda_z = \left(0{,}00063 + \frac{0{,}032}{3^2} + 0{,}965 \cdot 2 \cdot \frac{2^2}{46^2}\right) \frac{14{,}5 \cdot 13{,}75}{1{,}2 \cdot 0{,}04} = 32{,}2\ \text{cm}.$$

$$x_2 = 314 \cdot 4\pi \cdot 10^{-9} \cdot 2 \cdot 3^2 \cdot 20^2 \cdot 2\,(6{,}3 + 32{,}2 - 14{,}3) = 1{,}38\ \text{Ohm}.$$

Anlauf, $s = 1$.

Der große Kurzschlußstrom verursacht sofortige Erwärmung der Läuferwicklung um etwa 15°, in den Läuferstäben bei Stillstand eine 1,46 fache Widerstandserhöhung durch Stromverdrängung und wegen Sättigung der Streuwege eine etwa 30%ige Verringerung des Ständer-Streublindwiderstandes. Also wird:

$$r_2 = 1{,}06 \cdot 2080 \left(\frac{0{,}47}{35 \cdot 200} + 1{,}46 \cdot \frac{0{,}275}{4000}\right) = 0{,}370 \text{ Ohm},$$

$$x_1 = \frac{1{,}70}{1{,}30} = 1{,}30 \text{ Ohm}, \quad r_1 = 1{,}06 \cdot 0{,}337 = 0{,}357 \text{ Ohm},$$

$$r = 0{,}357 + 0{,}370 = 0{,}727 \text{ Ohm}, \quad x = 1{,}30 + 1{,}38 = 2{,}68 \text{ Ohm},$$

$$z = \sqrt{0{,}727^2 + 2{,}68^2} = 2{,}77 \text{ Ohm}, \quad I_{2k} = \frac{215}{2{,}77} = 77{,}5 \text{ A},$$

$$N_{\delta k} = 3 \cdot 77{,}5^2 \cdot 0{,}37 = 6750 \text{ W}, \quad M_a \cdot 0{,}973 \cdot \frac{6750}{1500} = 4{,}4 \text{ mkg},$$

also sehr kleines Anlaßmoment, nur für Sonderzwecke zu gebrauchen.

Lauf, $s = 0{,}038$.

$$r_2 = \frac{0{,}372}{0{,}038} = 9{,}8 \text{ Ohm}, \quad r = 9{,}8 + 0{,}445 = 10{,}245 \text{ Ohm},$$

$$x = 1{,}70 + 1{,}38 = 3{,}08 \text{ Ohm},$$

$$z = \sqrt{10{,}245^2 + 3{,}08^2} = 10{,}70 \text{ Ohm},$$

$$I_2 = \frac{210}{10{,}70} = 19{,}6 \text{ A},$$

$$N_\delta = \frac{3 \cdot 19{,}6^2 \cdot 0{,}370}{0{,}038} = \frac{424}{0{,}038} = 11170 \text{ W (Nennlast)}.$$

$$\cos \varphi_1 = \frac{10{,}245}{10{,}70} = 0{,}957, \quad \sin \varphi_1 = \frac{3{,}08}{10{,}70} = 0{,}300$$

| | | | |
|---|---|---|---|
| $19{,}6 \cdot 0{,}957$ | $= 18{,}75$ A | $19{,}6 \cdot 0{,}290$ | $= 5{,}68$ A |
| Eisenverl. | 0,37 A | Magnetis. Str. | 5,95 A |
| | 19,12 A | | 11,63 A |

$$I_1 = \sqrt{19{,}12^2 + 11{,}63^2} = 22{,}4 \text{ A}$$

$$\cos \varphi = \frac{19{,}12}{22{,}4} = 0{,}855$$

$N_{v1} = 3 \cdot 22{,}4^2 \cdot 0{,}445 = 668$ W.

$N_v = 668 + 55 + 221 + 424 + 150 = 1518$ W.

$$\eta = \frac{1100000}{12518} = 87{,}8\%.$$

Kippschlupf $s_m = 0{,}12$

$$r_{2m} = \frac{0{,}372}{0{,}12} = 3{,}1 \text{ Ohm}, \quad r = 0{,}445 + 3{,}1 = 3{,}545 \text{ Ohm},$$

$$x = 3{,}08 \text{ Ohm}, \quad z = \sqrt{3{,}545^2 + 3{,}08^2} = 4{,}59 \text{ Ohm}.$$

Kippstrom $I_{2m} = \dfrac{210}{4{,}59} = 45{,}8$ A.

Kippmoment $M_m = \dfrac{0{,}973 \cdot 3 \cdot 45{,}8^2 \cdot 0{,}372}{1500 \cdot 0{,}12} = 12{,}6$ mkg.

Nenndrehzahl $n = (1 - 0{,}038) \cdot 1500 = 1445$ U/min.

Nennmoment $M_n = \dfrac{0{,}973 \cdot 11000}{1445} = 7{,}4$ mkg.

Eine Verkleinerung des Nutquerschnitts der Läufernut auf etwa 80 mm² und des Querschnitts der Kurzschlußringe auf etwa 150 mm² würde zu einem Wirkungsgrade von etwa 87% führen und eine Erhöhung des Anzugsmoments auf etwa 6,2 mkg zur Folge haben.

### c) Doppelnutmotor

Für den gleichen Ständer sei nun ein Doppelnutläufer berechnet, wieder für dieselbe Nennleistung von 11 kW, Synchrondrehzahl 1500 U/min, $\eta = 86\%$, $\cos\varphi = 0{,}81$, Strangstrom etwa 23 A.

Ständer unverändert, $q_1 = 3$, $z_1 = 20$.

Widerstand eines Stranges $r_1 = 0{,}337$ Ohm kalt, 0,445 Ohm warm.

Ständernutenstreuung unverändert $\Lambda_{n1} = 6{,}65$ cm,

Ständerzahnkopfstreuung aus Abb. 41 und 42:

$$\Lambda_{z0} = \frac{0{,}96(11{,}9 - 3 - 1{,}5)}{6 \cdot 0{,}4 \cdot 3} \cdot 14{,}5 = 14{,}3 \text{ cm},$$

Wickelkopfstreuung unverändert $\Lambda_s = 13{,}2$ cm,

Streublindwiderstand: $x_1 = 314 \cdot 4\pi \cdot 10^{-9} \cdot 2 \cdot 3^2 \cdot 20^2 \cdot 2(6{,}65 + 13{,}2 + 14{,}3) = 1{,}95$ Ohm, im Anlauf wegen Sättigung der Streuwege 30% kleiner, also 1,5 Ohm.

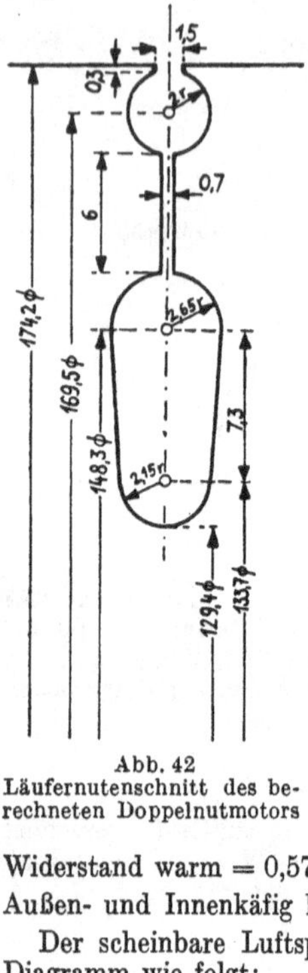


Abb. 42
Läufernutenschnitt des berechneten Doppelnutmotors

Läufer. Nutung nach Abb. 42 mit 46 Nuten, Aluminium-Spritzgußwicklung.

Außenkäfig:

Stabquerschnitt $q_{aSt} = 12{,}55\ \mathrm{mm}^2$,
Stablänge $l_{St} = 0{,}16$ m,
Kurzschlußringe ⌀ 4 · 10 mm,
$q_{aR} = 40\ \mathrm{mm}^2$, Länge $l_{aR} = 0{,}53$ m,
Widerstand

$$r_a = 0{,}577 \cdot 3^2 \cdot 20^2 \left(\frac{0{,}53}{35 \cdot 40} + \frac{8\pi^2}{46} \cdot \frac{0{,}16}{35 \cdot 12{,}55}\right) = 2{,}18 \text{ Ohm kalt,}$$

Widerstand warm: 2,88 Ohm.

Innenkäfig:

Stabquerschnitt $q_{iSt} = 53{,}4\ \mathrm{mm}^2$,
Stablänge $l_{St} = 0{,}16$ m,
Kurzschlußringe ⌀ 12,5 · 16 mm,
$q_{iR} = 200\ \mathrm{mm}^2$, Länge $l_{iR} = 0{,}45$ m,
Widerstand

$$r_i = 0{,}577 \cdot 60^2 \left(\frac{0{,}45}{35 \cdot 200} + \frac{8\pi^2}{46} \cdot \frac{0{,}16}{35 \cdot 53{,}5}\right) = 0{,}43 \text{ Ohm kalt,}$$

Widerstand warm = 0,57 Ohm bei Erwärmung um 80°.

Außen- und Innenkäfig haben getrennte Kurzschlußringe.

Der scheinbare Luftspalt $\delta'$ ergibt sich aus dem Carterschen Diagramm wie folgt:

$$x_1 = 0{,}244,\ y_1 = 7{,}5, \text{ damit findet man } k_1 = 1{,}14,$$

$$x^2 = \frac{1{,}5}{11{,}9 - 1{,}5} = 0{,}144, \quad y_2 = \frac{1{,}5}{0{,}4} = 3{,}75, \quad \text{daraus } k_2 = 1{,}06,$$

somit wird $k = k_1 + k_2 - 1 = 1{,}20$ und damit der scheinbare Luftspalt $\delta' = 1{,}20 \cdot 0{,}4 = 0{,}48$ mm.

Leerlaufstrom. Für die Berechnung des Magnetisierungsstromes bleiben die Ständer-AW unverändert, für die anderen Wegstrecken im Luftspalt und Läufer müssen die Querschnitte und Längen berechnet werden.

Tabelle für die Berechnung des Magnetisierungsstromes

| Teilpfad | $100\,\Phi$ | $x$ | $100\,\Phi\,x$ | $F$ cm² | Induktion | AW/cm | | 1 cm | AW |
|---|---|---|---|---|---|---|---|---|---|
| Kranz | 0,78 | 1,0 | 0,78 | 58,5 | 13300 | 9,2 | | 12,5 | 112 |
| Zahnhals | 0,78 | 1,36 | 1,06 | 73 | 14500 | 16 | | 3,4 | 54 |
| Zahnkopf | 0,78 | 1,36 | 1,06 | 98 | 10800 | 4 | | 1,0 | 4 |
| Luftspalt | 0,78 | 1,36 | 1,06 | 199 | 5320 | 4260 | | 0,096 | 408 |
| Zahnkopf | 0,78 | 1,36 | 1,06 | 156 | 6800 | 1,5 | } 2 | | |
| Hals | 0,78 | 1,36 | 1,06 | 105 | 10000 | 2,8 | | 0,96 | 2 |
| Spalt auß. | 0,78 | 1,36 | 1,06 | 154 | 6900 | 1,5 | } 1,6 | 1,2 | 2 |
| Spalt inn. | 0,78 | 1,36 | 1,06 | 138 | 7700 | 1,8 | } 7 | 0,5 | 4 |
| Hals | 0,78 | 1,36 | 1,06 | 72 | 14700 | 17 | } 7 | 1,5 | 25 |
| Wurzel | 0,78 | 1,36 | 1,06 | 132 | 8000 | 1,8 | | 0,43 | 3 |
| Kranz | 0,78 | 1,0 | 0,78 | 51,5 | 15000 | 21 | | 5,8 | 122 |

Summe der Magnetisierungs-AW = 736

Magnetisierungsstrom $I_\mu = \dfrac{736}{2{,}25 \cdot 3 \cdot 20} = 5{,}5$ A.

Eisenverluststrom unverändert $I_e = 0{,}37$ A.

Leerlaufstrom $I_0 = 5{,}3$ A.

Nutenschrägung um eine Nutteilung $\xi = 1$.

Spaltstreuung:

$$\Lambda_z = \left[0{,}00063 + \frac{0{,}032}{3^2} + 0{,}965(1+1)\frac{2^2}{46^2}\right]\frac{14{,}5 \cdot 13{,}75}{1{,}2 \cdot 0{,}04} = 32{,}2\,\text{cm}.$$

Läufernutenstreuung:

Außenkäfig

$$\lambda_{na} = 0{,}5 + \frac{0{,}3}{1{,}5} = 0{,}7, \quad \Lambda_{na} = \frac{0{,}955 \cdot 0{,}7 \cdot 3 \cdot 4}{46} \cdot 14{,}5 = 2{,}53\text{ cm},$$

Innenkäfig $\lambda_{ni} = \dfrac{7{,}3}{3 \cdot 5{,}3} + 0{,}5 + \dfrac{6}{0{,}7} + 1{,}5 + \dfrac{0{,}3}{1{,}5} = 11{,}23,$

$$\Lambda_{ni} = \frac{0{,}955 \cdot 11{,}23 \cdot 3 \cdot 4}{46} \cdot 14{,}5 = 40{,}5\text{ cm}.$$

Streublinderstände der Läuferwicklung:

Außenkäfig $x_a = 314 \cdot 4\pi \cdot 10^{-9} \cdot 4 \cdot 60^2 (2{,}53 + 32{,}2 - 14{,}3) = 1{,}163$ Ohm,

Innenkäfig $x_i = 314 \cdot 4\pi \cdot 10^{-9} \cdot 4 \cdot 60^2 (40{,}5 + 32{,}2 - 14{,}3) = 3{,}32$ Ohm.

Anlauf $s = 1$. $r_1 = 0{,}337$, $x_1 = 1{,}5$, sofortige Erwärmung im Außenkäfig wegen der hohen Stromdichte daselbst um 30°, also $r_a = 2{,}44$ Ohm.

$z_a = \sqrt{2{,}44^2 + 1{,}163^2} = 2{,}70$ Ohm, $z_i = \sqrt{0{,}43^2 + 3{,}32^2} = 3{,}34$ Ohm,

$z_a^2 z_i^2 = 7{,}3 \cdot 11{,}2 = 81{,}5, \quad z_a z_i^2 = 2{,}7 \cdot 11{,}2 = 30{,}2,$

$z_a^2 z_i = 7{,}3 \cdot 3{,}34 = 24{,}4,$

$r_a z_i^2 + r_i z_a^2 = 2{,}44 \cdot 11{,}2 + 0{,}43 \cdot 7{,}3 = 30{,}4, \; 30{,}4^2 = 920,$

$x_a z_i^2 + x_i z_a^2 = 1{,}163 \cdot 11{,}2 + 3{,}32 \cdot 7{,}3 = 37{,}2, \; 37{,}2^2 = 1380,$

$(r_a z_i^2 + r_i z_a^2)^2 + (x_a z_i^2 + x_i z_a^2)^2 = 920 + 1380 = 2300, \; \sqrt{2300} = 48,$

$$r_2 = \frac{30{,}4 \cdot 81{,}5}{2300} = 1{,}08 \text{ Ohm}, \qquad x_2 = \frac{37{,}2 \cdot 81{,}5}{2300} = 1{,}32 \text{ Ohm},$$

$$r = 0{,}337 + 1{,}08 = 1{,}417 \text{ Ohm}, \quad x = 1{,}50 + 1{,}32 = 2{,}82 \text{ Ohm},$$

$$z = \sqrt{1{,}417^2 + 2{,}82^2} = 3{,}15 \text{ Ohm}, \; I_{k2} = \frac{215}{3{,}15} = 68{,}2 \text{ A},$$

$$I_a = \frac{30{,}2 \cdot 68{,}2}{48} = 43 \text{ A}, \qquad I_i = \frac{24{,}4 \cdot 68{,}2}{48} = 34{,}8 \text{ A},$$

$$I_{aR} = 0{,}93 \cdot 3 \cdot 20 \cdot 43 = 2400 \text{ A}, \; I_{aSt} = \frac{2\pi \cdot 2}{46} \cdot 2400 = 655 \text{ A},$$

$$I_{iR} = 0{,}93 \cdot 3 \cdot 20 \cdot 34{,}8 = 1940 \text{ A}, \quad I_{iSt} = \frac{4\pi}{46} \cdot 1940 = 530 \text{ A}.$$

Anlaßmoment $M_a = 0{,}973 \cdot \dfrac{3(43^2 \cdot 2{,}44 + 34{,}8^2 \cdot 0{,}43)}{1500} = 9{,}8$ mkg.

**Lauf**, $s = 0{,}053$. $r_1 = 0{,}445$, $x_1 = 1{,}95$ Ohm, $r_a = 2{,}88$,

$$r_i = 0{,}57 \text{ Ohm}, \; r_a = \frac{2{,}88}{0{,}053} = 54{,}3 \text{ Ohm}, \quad r_i = \frac{0{,}57}{0{,}053} = 10{,}77 \text{ Ohm},$$

$z_a = \sqrt{54{,}3^2 + 1{,}163^2} = 54{,}3$ Ohm, $z_i = \sqrt{10{,}77^2 + 3{,}32^2} = 11{,}25$ Ohm,

$z_a^2 z_i^2 = 2950 \cdot 127 = 374000, \quad z_a z_i^2 = 54{,}3 \cdot 127 = 6900,$

$z_a^2 z_i = 2950 \cdot 11{,}25 = 33200,$

$r_a z_i^2 + r_i z_a^2 = 54{,}3 \cdot 127 + 10{,}77 \cdot 2950 = 38640, \; 38640^2 = 1490 \cdot 10^6,$

$x_a z_i^2 + x_i z_a^2 = 1{,}163 \cdot 127 + 3{,}32 \cdot 2950 = 9938, \; 9938^2 = 99 \cdot 10^6,$

$(r_a z_i^2 + r_i z_a^2)^2 + (x_a z_i^2 + x_i z_a^2)^2 = (1490 + 99) \cdot 10^6 = 1589 \cdot 10^6,$

$\sqrt{1589 \cdot 10^6} = 39{,}9 \cdot 10^3.$

$$r_2 = \frac{38640 \cdot 374000}{1589 \cdot 10^6} = 9{,}07 \text{ Ohm}, \quad x_2 = \frac{9938 \cdot 374000}{1589 \cdot 10^6} = 2{,}34 \text{ Ohm},$$

$$r = 0{,}445 + 9{,}07 = 9{,}515 \text{ Ohm}, \quad x = 1{,}95 + 2{,}34 = 4{,}29 \text{ Ohm},$$

$$z = \sqrt{9{,}515^2 + 4{,}29^2} = 10{,}42 \text{ Ohm}, \; I_2 = \frac{210}{10{,}42} = 20{,}15 \text{ A},$$

$$I_a = \frac{6900 \cdot 20{,}15}{39900} = 3{,}48\ \text{A}, \qquad I_i = \frac{33200 \cdot 20{,}15}{39900} = 16{,}8\ \text{A},$$

$$I_{aR} = 0{,}93 \cdot 60 \cdot 3{,}48 = 194\ \text{A}, \qquad I_{aSt} = \frac{4\pi}{46} \cdot 194 = 53\ \text{A},$$

$$I_{iR} = 0{,}93 \cdot 60 \cdot 16{,}8 = 938\ \text{A}, \qquad I_{iSt} = \frac{4\pi}{46} \cdot 938 = 256\ \text{A}.$$

Die mechanische Leistung muß bei Nennlast 11000 + 150 = 11150 Watt betragen (Reibungsverluste mit 150 W eingesetzt), sie beträgt im durchgerechneten Falle:

$$N_m = \frac{3(3{,}48^2 \cdot 2{,}88 + 16{,}8^2 \cdot 0{,}57)}{0{,}053} = \frac{588}{0{,}053} = 11100\ \text{W},$$

also fast genau 11150 Watt.

$$\cos\varphi_1 = \frac{9{,}515}{10{,}42} = 0{,}912, \qquad \sin\varphi_1 = \frac{4{,}29}{10{,}42} = 0{,}411,$$

| | | | |
|---|---|---|---|
| $20{,}15 \cdot 0{,}912 =$ | 18,4 A | $20{,}15 \cdot 0{,}411 =$ | 8,25 A |
| Eisenverl. | 0,37 A | Magnetis.Str. | 5,5 A |
| | 18,77 A | | 13,75 A |

$$I_1 = \sqrt{18{,}77^2 + 13{,}75^2} = 23{,}2\ \text{A}, \qquad \cos\varphi = \frac{18{,}77}{23{,}2} = 0{,}81.$$

$$N_{v1} = 3 \cdot 23{,}2^2 \cdot 0{,}445 = 718\ \text{W},$$

Gesamte Verluste $N_v = 718 + 55 + 221 + 588 + 150 = 1732$ W,

Wirkungsgrad $\eta = \dfrac{1100000}{12732} = 86{,}4\%$.

Nenndrehzahl $n = (1 - 0{,}053) \cdot 1500 = 1420$ U/min,

Nenndrehmoment $M_n = 0{,}973 \cdot \dfrac{11000}{1420} = 7{,}55$ mkg,

$$\frac{\text{Anlaßmoment}}{\text{Nennmoment}} = \frac{9{,}8}{7{,}55} = 1{,}3\,.$$

Eine Vergrößerung des Anlaßmoments kann erreicht werden durch Vergrößerung der Innenstreuung, indem man beispielsweise die Nutenzahl des Innenkäfigs nur halb so groß wählt, wie die ded Außenkäfigs, also 23 Innennuten, diese natürlich mit entsprechens größerem Querschnitt. Ein Motor mit solchem Läufer sei vergleichsweise berechnet.

Ständer unverändert nach Abb. 41, Wicklung unverändert.

Widerstand eines Stranges $r_1 = 0{,}337$ Ohm kalt, 0,445 Ohm warm. Streublindwiderstand eines Stranges $x_1 = 1{,}95$ bzw. 1,50 Blindohm.

Läufer. Nutung Außenkäfig 46 runde Nuten ⌀ 4 mm, Innenkäfig 23 runde Nuten ⌀ 11,5 mm mit je einer Außennut durch einen 3 mm tiefen 1 mm breiten Schlitz verbunden.

Wicklung Aluminium-Spritzguß, Kurzschlußringe ⌽, Außenkäfig 40 mm², Innenkäfig 200 mm², $q_{aSt} = 12{,}55$ mm², $q_{iSt} = 104$ mm², Stablänge 0,16 m. Widerstände also unverändert $r_a = 2{,}18$ Ohm kalt, 2,44 Ohm bei 30°, 2,88 Ohm bei 80° Erwärmung, $r_i = 0{,}43$ Ohm kalt, 0,57 Ohm bei 80° Erwärmung.

Der Streublindwiderstand des Außenkäfigs bleibt unverändert $x_a = 1{,}163$ Ohm.

Streublindwiderstand des Innenkäfigs:

Nutenstreuung: $\lambda_{ni} = 0{,}5 + \frac{3}{1} + 1{,}5 + \frac{0{,}3}{1{,}5} = 5{,}2,$

$$\Lambda_{ni} = \frac{0{,}955 \cdot 5{,}2 \cdot 3 \cdot 4 \cdot 14{,}5}{23} = 37{,}6 \text{ cm}.$$

Nutenschrägung: Außenkäfig eine Nutteilung, Innenkäfig also eine halbe Nutenteilung, daher ist $1 + \xi^2 = 1 + 0{,}5^2 = 1{,}25.$

Spaltstreuung:

$$\Lambda_{zi} = \left(0{,}00063 + \frac{0{,}032}{3^2} + 0{,}965 \cdot 1{,}25 \cdot \frac{2^2}{23^2}\right) \frac{14{,}5 \cdot 13{,}75}{1{,}2 \cdot 0{,}04} = 55 \text{ cm}.$$

$$x_i = 314 \cdot 4\pi \cdot 10^{-9} \cdot 4 \cdot 60^2 \, (37{,}6 + 55 - 14{,}3) = 4{,}45 \text{ Blindohm}.$$

Wegen der geringeren Tiefe der Nutung gegen Abb. 42 (18,8 gegen 22,4 mm) und dadurch vergrößerten Kranzhöhe beträgt der Magnetisierungsstrom hier nur 5,0 A.

Anlauf $s = 1$. $r_1 = 0{,}337$, $x_1 = 1{,}5$, $r_a = 2{,}44$, $r_i = 0{,}43$ Ohm.

$z_a = \sqrt{2{,}44^2 + 1{,}163^2} = 2{,}7$ Ohm, $z_i = \sqrt{0{,}43^2 + 4{,}45^2} = 4{,}47$ Ohm,

$z_a^2 z_i^2 = 7{,}3 \cdot 20 = 146$, $z_a z_i^2 = 2{,}7 \cdot 20 = 54$, $z_a^2 z_i = 7{,}3 \cdot 4{,}47 = 32{,}6$,

$r_a z_i^2 + r_i z_a^2 = 2{,}44 \cdot 20 + 0{,}43 \cdot 7{,}3 = 48{,}8 + 3{,}1 = 51{,}9,$

$51{,}9^2 = 2700,$

$x_a z_i^2 + x_i z_a^2 = 1{,}163 \cdot 20 + 4{,}45 \cdot 7{,}3 = 23{,}3 + 32{,}5 = 55{,}8,$

$55{,}8^2 = 3110,$

$(r_a z_i^2 + r_i z_a^2)^2 + (x_a z_i^2 + x_i z_a^2)^2 = 2700 + 3110 = 5810,$

$\sqrt{5810} = 76{,}2.$

$$r_2 = \frac{51{,}9 \cdot 146}{5810} = 1{,}306\,\text{Ohm}, \qquad x_2 = \frac{55{,}8 \cdot 146}{5810} = 1{,}40\,\text{Ohm},$$

$$r = 0{,}337 + 1{,}306 = 1{,}643\,\text{Ohm}, \; x = 1{,}50 + 1{,}40 = 2{,}90\,\text{Ohm},$$

$$z = \sqrt{1{,}643^2 + 2{,}90^2} = 3{,}33\,\text{Ohm}, \quad I_{k2} = \frac{215}{3{,}33} = 64{,}5\,\text{A}.$$

$$I_{ka} = \frac{54 \cdot 64{,}5}{76{,}2} = 45{,}7\,\text{A}, \qquad I_{ki} = \frac{32{,}6 \cdot 64{,}5}{76{,}2} = 27{,}6\,\text{A},$$

$$I_{aR} = 0{,}93 \cdot 60 \cdot 45{,}7 = 2550\,\text{A}, \quad I_{aSt} = \frac{4\pi}{46} \cdot 2550 = 697\,\text{A},$$

$$I_{iR} = 0{,}93 \cdot 60 \cdot 27{,}6 = 1540\,\text{A}, \quad I_{iSt} = \frac{4\pi}{23} \cdot 1540 = 841\,\text{A}.$$

Anlaßmoment

$$M_a = \frac{0{,}973 \cdot 3(45{,}7^2 \cdot 2{,}44 + 27{,}6^2 \cdot 0{,}43)}{1500} = 10{,}6\,\text{mkg}.$$

Lauf $s = 0{,}063$. $r_1 = 0{,}445$, $x_1 = 1{,}95$, $x_a = 1{,}163$, $x_i = 4{,}45\,\text{Ohm}$,

$$r_a = \frac{2{,}88}{0{,}063} = 45{,}7\,\text{Ohm}, \qquad r_i = \frac{0{,}57}{0{,}063} = 9{,}05\,\text{Ohm},$$

$$z_a = \sqrt{45{,}7^2 + 1{,}163^2} = 45{,}7\,\text{Ohm}, \quad z_i = \sqrt{9{,}05^2 + 4{,}45^2} = 10{,}1\,\text{Ohm},$$

$$z_a^2 z_i^2 = 2085 \cdot 102 = 212\,500, \quad z_a z_i^2 = 45{,}7 \cdot 102 = 4650,$$

$$z_a^2 z_i = 2085 \cdot 10{,}1 = 21\,050,$$

$$r_a z_i^2 + r_i z_a^2 = 45{,}7 \cdot 102 + 9{,}05 \cdot 2085 = 23\,550, \; 23\,550^2 = 553 \cdot 10^6,$$

$$x_a z_i^2 + x_i z_a^2 = 1{,}163 \cdot 102 + 4{,}45 \cdot 2085 = 9394, \; 9394^2 = 88 \cdot 10^6,$$

$$(r_a z_i^2 + r_i z_a^2)^2 + (x_a z_i^2 + x_i z_a^2)^2 = (553 + 88)\,10^6 = 641 \cdot 10^6,$$

$$\sqrt{641 \cdot 10^6} = 25\,300.$$

$$r_2 = \frac{23\,550 \cdot 212\,500}{641\,000\,000} = 7{,}80\,\text{Ohm}, \; x_2 = \frac{9394 \cdot 212\,500}{641\,000\,000} = 3{,}12\,\text{Ohm},$$

$$r = 0{,}445 + 7{,}80 = 8{,}245\,\text{Ohm}, \quad x = 1{,}95 + 3{,}12 = 5{,}07\,\text{Ohm},$$

$$z = \sqrt{8{,}245^2 + 5{,}07^2} = 9{,}67\,\text{Ohm}, \; I_2 = \frac{210}{9{,}67} = 21{,}7\,\text{A}.$$

$$I_a = \frac{4650 \cdot 21{,}7}{25\,300} = 3{,}99\,\text{A}, \qquad I_i = \frac{21\,050 \cdot 21{,}7}{25\,300} = 18{,}1\,\text{A}.$$

$$N_m = \frac{3(3{,}99^2 \cdot 2{,}88 + 18{,}1^2 \cdot 0{,}57)}{0{,}063} = \frac{699}{0{,}063} = 11\,110\,\text{W}.$$

$$\cos \varphi_1 = \frac{8{,}245}{9{,}67} = 0{,}853, \quad \sin \varphi_1 = \frac{5{,}07}{9{,}67} = 0{,}525$$

| | | | |
|---|---|---|---|
| 21,7·0,853 = | 18,55 A | 21,7·0,525 = | 11,4 A |
| Eisenverl. | 0,37 A | Magnetis. Str. | 5,0 A |
| | 18,92 A | | 16,4 A |

$$I_1 = \sqrt{18{,}92^2 + 16{,}4^2} = 25{,}0\ \text{A}, \quad \cos \varphi = \frac{21{,}7}{25{,}0} = 0{,}868.$$

$$N_{v1} = 3 \cdot 25^2 \cdot 0{,}445 = 835\ \text{W},$$

$$N_v = 835 + 55 + 221 + 699 + 150 = 1960\ \text{W}.$$

$$\text{Wirkungsgrad} = \frac{1100000}{12960} = 84{,}9\%.$$

$$\text{Nenndrehzahl}\ n = (1 - 0{,}063) = 1407\ \text{U/min}.$$

$$\text{Nenndrehmoment}\ M_n = 0{,}973 \cdot \frac{11000}{1407} = 7{,}6\ \text{mkg}.$$

$$\frac{\text{Anlaßmoment}}{\text{Nennmoment}} = 1{,}4.$$

Das etwas größere Anlaßmoment wird also durch einen schlechteren Wirkungsgrad und etwas schlechteren Leistungsfaktor erkauft.

Eine weitere Steigerung des Anlaßmoments durch weitere Vergrößerung der Streuung des Innenkäfigs ist möglich, muß aber bei gleichen Abmessungen der Maschine (gleiche Bohrung und gleiche Eisenpaketlänge) mit der Verringerung der Nennleistung erkauft werden, wenn man nicht die Läuferwiderstände vergrößern und damit den Wirkungsgrad vermindern will. Die Berechnung eines solchen Motors mit den Widerstandswerten (kalt) $r_a = 2{,}88$, $r_i = 0{,}6$ Ohm, bei $x_a = 1{,}163$, $x_i = 6{,}5$ Blindohm und gleicher Ständerwicklung wie oben, ergab ein Anlaßmoment von 11,7 mkg. Die Nennlast wird aber erst bei einem Schlupf von 0,09, also der Drehzahl 1386 U/min erreicht, wobei der Wirkungsgrad auf 81,5% und der Leistungsfaktor auf 0,75 absinken.

## XV. Ausführungsformen

Man unterscheidet gekapselte, belüftet gekapselte und offene Maschinen. Mit Rücksicht auf Spritzwasser, Explosions- und Schlagwettergefahr muß man bei belüfteten Maschinen noch besondere Sicherungsvorrichtungen anbringen.

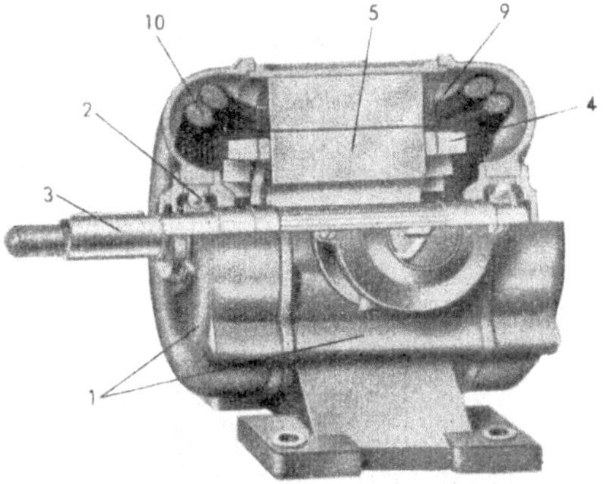


**Abb. 43.** Gekapselter Webstuhlmotor von Loher & Söhne G. m. b. H., Ruhstorf-Rott. 1. Gehäuse, 2. Wälzlager, 3. Welle, 4. Lüfter, 5. Läufer, 9, Lagerschild, 10. Wickelköpfe

**Abb. 44.** Schlagwettergeschützter, oberflächengekühlter Kurzschlußmotor der Fa. Brown, Boveri & Cie. A.-G., Mannheim.

Die einfachste Lösung ist die gekapselte Maschine, bei der die Wärme nur über die äußeren Kühlflächen an die umgebende Luft abgegeben werden kann. Solche Ausführungsformen, wie sie beispielsweise Abb. 43 darstellt, werden in der Textilindustrie verwendet, weil die in der Luft schwebenden feinen Fäden (Web-

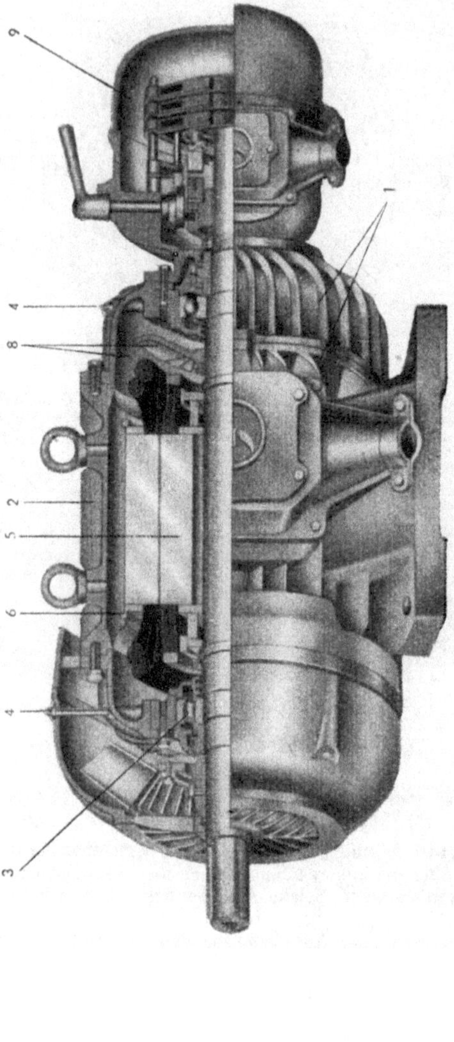


Abb. 45. Oberflächengekühlter Drehstrom-Schleifringmotor von Loher & Söhne, G.m.b.H., Ruhstorf-Rott. 1. Kühlrippen, 2. Gehäuse, 3. Außenlüfter, 4. Schmierung, 5. Läufer, 6. Wickelköpfe, 8. Innenlüfter 9. Schleifringkörper

stühle) alle Öffnungen verstopfen würden. Zur Verbesserung des Wärmeüberganges werden heute Innenlüfter angebracht.

Soll das Innere der Maschine völlig geschlossen sein und besteht keine Verstopfungsgefahr für die Kanäle, so wendet man heute die Oberflächenkühlung an, wie in Abb. 2 für große Maschinen, in Abb. 44 für mittlere und kleine Maschinen dargestellt. Den Schnitt durch eine oberflächengekühlte Schleifringmaschine mittlerer Größe zeigt Abb. 45, hier sind Schleifringkörper und Kurzschluß-

Abb. 46. Spritzwassergeschützter innenbelüfteter Motor, explosionsgeschützt Bauart „Erhöhte Sicherheit", der Siemens-Schuckertwerke A. G., Berlin-Siemensstadt-Erlangen

vorrichtung in besonderem Gehäuse gekapselt. Meist wird hier noch ein Innenlüfter angeordnet, der die Innenluft im Kreislauf bewegt.

Bestehen keine Bedenken, die Außenluft durch die Maschine zu führen, so baut man sog. Durchzugstypen. Abb. 46 zeigt einen solchen explosions- und spritzwassergeschützten belüfteten Drehstrommotor. Im Inneren des Gehäuses befindet sich ein Lüfter, der kalte Luft durch die Maschine hindurchsaugt und die warme hinausschleudert. Die Lüfter sind meist Radlüfter, die in beiden Drehrichtungen gleich gut arbeiten. Sie besitzen schlechtere Wirkungsgrade (45 bis 55%) als die Schraubenlüfter (60 bis 80%), sind aber notwendig bei listenmäßigen Maschinen, weil Schraubenlüfter wegen der Schaufelkrümmung nur in einer Drehrichtung gut arbeiten können. Große, schnellaufende Maschinen, deren Drehrichtung fest liegt, stattet man heute meist mit Schraubenlüftern

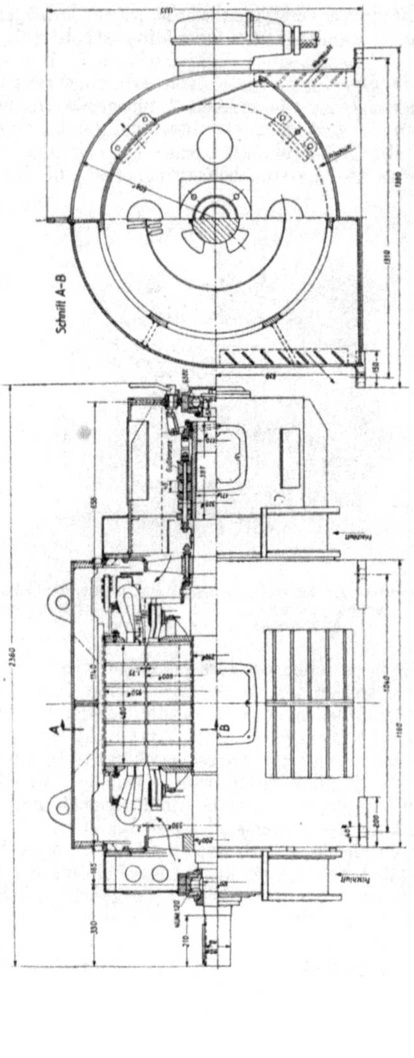


**Abb. 47. Schleifringmotor für 1000 kw 6000 V 1500 U/min mit geschweißtem Gehäuse und Schraubenlüftern Allgemeine Elektrizitätsgesellschaft, Berlin**

aus. Ein solches Beispiel zeigt Abb. 47. Hier wird die Luft an beiden Seiten angesaugt, in einen Ringkanal im Gehäuse geleitet und von dort ausgeblasen.

Große, langsam laufende Maschinen, die große Kühlflächen besitzen, können, wenn sie offen sind, ganz ohne Lüfter gebaut werden.

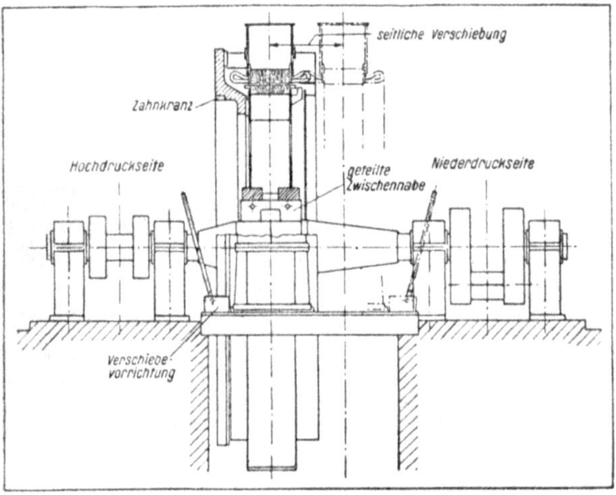


Abb. 48. Langsam laufender Induktionsmotor mit Kurzschlußläufer für Kolbenverdichtungsantrieb der Siemens-Schuckertwerke A.-G. Berlin

Abb. 48 ist der Schnitt durch einen großen, offenen, langsamlaufenden Drehstrommotor für Kolben-Gasverdichterantrieb mit Wirbelstrom-Läufer der Siemens-Schuckertwerke A.-G., Berlin, der Ständer ist seitlich verschiebbar, damit Überholungen leicht durchgeführt werden können.

Ein schönes Beispiel für die Anpassung der Form an den Verwendungszweck zeigt Abb. 49, die Schnittzeichnung einer Elektro-Bandrolle, d. h. eines Drehstrom-Kurzschlußmotors zum Antrieb eines Förderbandes der Allgemeinen Elektricitätsgesellschaft, Berlin. Hier sind Ständer und Läufer vertauscht: der Läufer liegt außen und ist mit dem Bandrollenmantel fest verbunden.

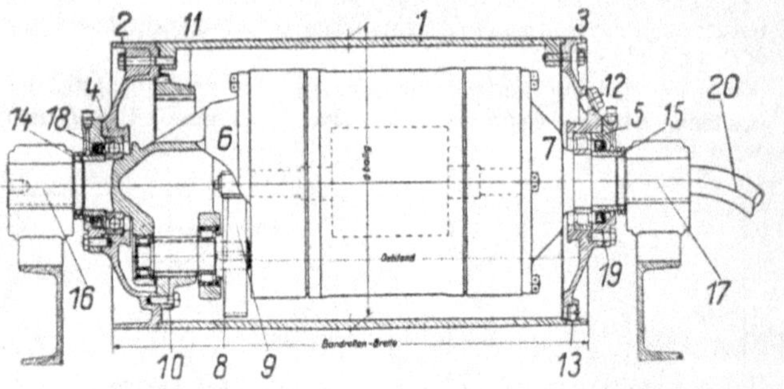


1 = Bandrollenmantel 2, 3 = Trommelschilde 4, 5 = Wälzlager 6 = Antriebseitiges Lagerschild des Motors 7 = Anschlußseitiges Lagerschild des Motors 8 = Antriebsritzel 9, 10 = Stirnräder 11 = Zahnkranz 12 = Öl-Einfüllstutzen 13 = Öl-Ablaßstutzen 14, 15 = Rundmuttern 16, 17 = Achsschenkel 18, 19 = Dichtungen 20 = Gummischlauchleitung

Abb. 49. Drehstrom-Bandrolle der Allgemeinen Elektricitätsgesellschaft, Berlin

Die Anwendung der Induktionsmaschine ist eine so allgemeine und umfassende, daß hier kein Raum für ihre Erörterung ist. Es kann hier nur auf die einschlägige Fachliteratur über elektromotorische Antriebe, sowie Kraft- und Verteilungsanlagen hingewiesen werden.

# Sachverzeichnis

LU
Bauknecht
ELEKTROMOTOREN
MITTELFREQUENZ-UMFORMER
LEISTUNGEN BIS 400 kW · FREQUENZBEREICH BIS 10000 Hz
FÜR ANLAGEN ZUM SCHMELZEN
OBERFLÄCHENHÄRTEN
VERGÜTEN
SCHWEISSEN
WARMVERFORMEN
G. BAUKNECHT GMBH STUTTGART-S

# GESAMTVERZEICHNIS

# SAMMLUNG GÖSCHEN

JEDER BAND DM 2,40

DOPPELBAND DM 4,80

WALTER DE GRUYTER & CO.

BERLIN W 35

# SAMMLUNG GÖSCHEN

## UNSER HEUTIGES WISSEN IN KURZEN, KLAREN, ALLGEMEINVERSTÄNDLICHEN EINZELDARSTELLUNGEN

### *Zweck und Ziel der „Sammlung Göschen"*

*ist, in Einzeldarstellungen eine klare, leichtverständliche und übersichtliche Einführung in sämtliche Gebiete der Wissenschaft und Technik zu geben; in engem Rahmen, auf streng wissenschaftlicher Grundlage und unter Berücksichtigung des neuesten Standes der Forschung bearbeitet, soll jedes Bändchen zuverlässige Belehrung bieten. Jedes einzelne Gebiet ist in sich geschlossen dargestellt, aber dennoch stehen alle Bändchen in innerem Zusammenhange miteinander, so daß das Ganze, wenn es vollendet vorliegt, eine einheitliche systematische Darstellung unseres gesamten Wissens bilden dürfte.*

# Naturwissenschaften und Technik

## *Mathematik*

**Geschichte der Mathematik.** Von J. E. Hofmann.
I: Von den Anfängen bis zum Auftreten von Fermat und Descartes. 199 Seiten. 1953 . . . . . . . . . . Bd. 226

**Mathematische Formelsammlung.** Von F. Ringleb. Vollständig umgearbeitete Neuausgabe des Werkes von O. Th. Bürklen. 5., verbesserte Auflage. Mit 57 Figuren. 274 Seiten. 1949 . . . . . . . . . . . . . . Bd. 51

**Fünfstellige Logarithmen.** Mit mehreren graphischen Rechentafeln und häufig vorkommenden Zahlwerten. Von A. Adler. 2. Auflage. Neudruck. Mit 1 Tafel. 127 Seiten. 1949 . . . . . . . . . . . . . . . . . . . . Bd. 423

**Elementare und klassische Algebra.** Vom modernen Standpunkt. Von W. Krull. 2., erweiterte Auflage.
I: 136 Seiten. 1952 . . . . . . . . . . . . . . . . . . . Bd. 930

**Höhere Algebra.** Von H. Hasse. 3., verbesserte Auflage.
I: Lineare Gleichungen. 152 Seiten. 1951 . . . . . Bd. 931
II: Gleichungen höheren Grades. Mit 5 Figuren. 158 Seiten. 1951 . . . . . . . . . . . . . . . . . . . . Bd. 932

**Aufgabensammlung zur höheren Algebra.** Von H. Hasse und W. Klobe. 2., verbesserte und vermehrte Auflage. 181 Seiten. 1952 . . . . . . . . . . . . . . . . . . . . Bd. 1082

**Gruppentheorie.** Von L. Baumgartner. 2. Auflage. Mit 6 Figuren. 115 Seiten. 1949. . . . . . . . . . . . . Bd. 837

**Elemente der Funktionentheorie.** Von K. Knopp. 3. Auflage. Mit 23 Figuren. 144 Seiten. 1949 . . . . . . Bd. 1109

**Funktionentheorie.** Von K. Knopp. 7. Auflage.
I: Grundlagen der allgemeinen Theorie der analytischen Funktionen. Mit 8 Figuren. 139 Seiten. 1949 . . . Bd. 668
II: Anwendungen und Weiterführung der allgemeinen Theorie. Mit 7 Figuren. 130 Seiten. 1949 . . . . . Bd. 703

**Aufgabensammlung zur Funktionentheorie.** Von K. Knopp. 4. Auflage.
I: Aufgaben zur elementaren Funktionentheorie. 135 Seiten. 1949 . . . . . . . . . . . . . . . . . . . . Bd. 877
II: Aufgaben zur höheren Funktionentheorie. 151 Seiten. 1949 . . . . . . . . . . . . . . . . . . . . . . . Bd. 878

**Gewöhnliche Differentialgleichungen.** Von G. Hoheisel. 4., neubearbeitete Auflage. 129 Seiten. 1951 . . . . Bd. 920

**Partielle Differentialgleichungen.** Von G. Hoheisel. 3., neubearbeitete Auflage. 1953 In Vorbereitung . . . Bd. 1003

**Aufgabensammlung zu den gewöhnlichen und partiellen Differentialgleichungen.** 2., umgearbeitete Auflage. 124 Seiten. 1952 . . . . . . . . . . . . . . . . . . . . . . Bd. 1059

**Differentialrechnung.** Von A. Witting †. 3., neubearbeitete Auflage. Durchgesehener Neudruck. Mit 95 Figuren und 200 Beispielen. 201 Seiten. 1949 . . . . . Bd. 87

**Repetitorium und Aufgabensammlung zur Differentialrechnung.** Von A. Witting †. 2., neubearbeitete Auflage. Durchgesehener Neudruck. 145 Seiten. 1949. . Bd. 146

**Integralrechnung.** Von A. Witting †. 2., verbesserte Auflage. Durchgesehener Neudruck. Mit 62 Figuren und 190 Beispielen. 176 Seiten. 1949 . . . . . . . Bd. 88

**Repetitorium und Aufgabensammlung zur Integralrechnung.** Von A. Witting †. 2., neubearbeitete Auflage. Durchgesehener Neudruck. Mit 32 Figuren und 309 Beispielen. 121 Seiten. 1949 . . . . . . . . . . . . . . . Bd. 147

**Einführung in die konforme Abbildung.** Von L. Bieberbach. 4. Auflage. Mit 42 Zeichnungen. 147 Seiten 1949 . . . . . . . . . . . . . . . . . . . . . . . . Bd. 768

**Darstellende Geometrie.** Von R. Haußner.
I: Elemente; ebenflächige Gebilde. 6., unveränderte Auflage. Mit 110 Figuren im Text. 207 Seiten. 1947 Bd. 142
II: Perspektive ebener Gebilde, Kegelschnitte. 5., unveränderte Auflage. Mit 88 Figuren im Text. 168 Seiten. 1947 . . . . . . . . . . . . . . . . . . . . . . . . Bd. 143

**Sammlung von Aufgaben und Beispielen zur analytischen Geometrie der Ebene** mit den vollständigen Lösungen. Von R. Haußner. Neudruck. Mit 22 Figuren im Text. 139 Seiten. 1949 . . . . . . . . . . . . . . . . . . Bd. 256

**Nichteuklidische Geometrie.** Hyperbolische Geometrie der Ebene. Von R. Baldus. 3., verbesserte Auflage, durchgesehen von F. Löbell. 1953. In Vorbereitung . . . . Bd. 970

**Vermessungskunde.** Von P. Werkmeister.
I: Stückmessung und Nivellieren. 9. Auflage. Mit 145 Figuren. 165 Seiten. 1949. . . . . . . . . . . . . Bd. 468
II: Messung von Horizontalwinkeln. Festlegung von Punkten im Koordinatensystem. Absteckungen. 7. Auflage. Mit 93 Figuren. 151 Seiten. 1949 . . . . . . Bd. 469
III: Trigonometrische und barometrische Höhenmessung. Tachymetrie und Topographie. 6. Auflage. Mit 64 Figuren. 147 Seiten. 1949 . . . . . . . . . . . Bd. 862

**Vektoranalysis.** Von S. Valentiner. 7., wesentlich veränderte Auflage. Mit 19 Figuren. 138 Seiten. 1950 Bd. 354

**Versicherungsmathematik.** Von F. Böhm. 2., verbesserte Auflage.
I: Elemente der Versicherungsrechnung. Neudruck. 1953. In Vorbereitung . . . . . . . . . . . . . . . . . Bd. 180
II: Lebensversicherungsmathematik, Einfuhrung in die technischen Grundlagen der Sozialversicherung. 205 Seiten. 1953 . . . . . . . . . . . . . . . . . . . . . . Bd. 917/917a

## *Physik / Chemie / Allgemeine, anorganische, organische und experimentelle Chemie / Elektrochemie / Technologie*

**Physikalische Formelsammlung.** Von G. und K. Mahler. 8., verbesserte Auflage. Mit 69 Figuren. 153 Seiten. 1950 . . . . . . . . . . . . . . . . . . . . . . . . Bd. 136

**Physikalische Aufgabensammlung.** Von G. und K. Mahler. Mit den Ergebnissen. 7., verbesserte Auflage. 127 Seiten. 1952 . . . . . . . . . . . . . . . . . . . . . . . . Bd. 243

**Differentialgleichungen der Physik.** Von E. Sauter. 2. Auflage. Mit 16 Figuren. 148 Seiten. 1950 . . . . . . Bd. 1070

**Geschichte der Chemie** in kurzgefaßter Darstellung. Von G. Lockemann.
I: Vom Altertum bis zur Entdeckung des Sauerstoffs. Mit 8 Bildnissen. 142 Seiten. 1950 . . . . . . . . Bd. 264

**Allgemeine und physikalische Chemie.** Von W. Schulze. II: 3., durchgesehene Auflage. Mit 36 Figuren. 160 Seiten. 1949 . . . . . . . . . . . . . . . . . . . . . . Bd. 698

**Physikalisch-Chemische Rechenaufgaben.** Von E. Asmus. 2. Auflage. 96 Seiten. 1949 . . . . . . . . . . . . Bd. 445

**Anorganische Chemie.** Von W. Klemm. 7. Auflage. Mit 18 Abbildungen. 184 Seiten. 1952 . . . . . . . . . . Bd. 37

**Maßanalyse.** Theorie und Praxis der klassischen und der elektrochemischen Titrierverfahren. Von G. Jander und K. F. Jahr. 6. Auflage.
I: 140 Seiten. Mit 18 Figuren. 1952 . . . . . . . . Bd. 221
II: 139 Seiten. Mit 24 Figuren. 1952 . . . . . . . . Bd. 1002

**Thermochemie.** Von W. A. Roth. 2., verbesserte Auflage. Mit 16 Figuren. 109 Seiten. 1952 . . . . . . . . . . Bd. 1057

**Stöchiometrische Aufgabensammlung.** Von W. Bahrdt und R. Scheer. Mit den Ergebnissen. 5., verbesserte Auflage. 120 Seiten. 1952 . . . . . . . . . . . . . . Bd. 452

**Analytische Chemie.** Von J. Hoppe. 5., verbesserte Auflage.
I: Reaktionen. 135 Seiten. 1950 . . . . . . . . . . Bd. 247
II: Gang der qualitativen Analyse. 166 Seiten. 1950 Bd. 248

**Elektrochemie** und ihre physikalisch-chemischen Grundlagen. Von A. Daßler.
I: Mit 21 Abbildungen. 149 Seiten. 1950 . . . . . Bd. 252
II: Mit 17 Abbildungen. 178 Seiten. 1950 . . . . . Bd. 253

**Warenkunde.** Von K. Hassak † und E. Beutel †. 7. Auflage. Neubearbeitet von A. Kutzelnigg.
I: Anorganische Waren sowie Kohle und Erdöl. Mit 19 Figuren. 116 Seiten. 1947 . . . . . . . . . . . . Bd. 222
II: Organische Waren. Mit 32 Figuren. 143 Seiten. 1949 Bd. 223

**Die Fette und Öle.** Von K. Braun. 5., vollständig neubearbeitete und verbesserte Auflage. Von Th. Klug. 145 Seiten. 1950 . . . . . . . . . . . . . . . . . . Bd. 335

**Die Seifenfabrikation.** Von K. Braun. Vollständig neubearbeitet von Th. Klug. 3., neubearbeitete und verbesserte Auflage. Mit 18 Abbildungen. 116 Seiten. 1953 Bd. 336

**Atomphysik.** III. Von Bechert-Gehrtsen. 1953. In Vorbereitung . . . . . . . . . . . . . . . . . . . . . Bd. 1123

## *Naturwissenschaften / Biologie / Botanik / Zoologie Land- und Forstwirtschaft*

**Hormone.** Von G. Koller. 2., neubearbeitete und erweiterte Auflage. Mit 60 Abbildungen und 19 Tabellen. 187 Seiten. 1949 . . . . . . . . . . . . . . . . . . Bd. 1141

**Geschlecht und Geschlechtsbestimmung im Tier- und Pflanzenreich.** Von M. Hartmann. 2., verbesserte Auflage. Mit 61 Abbildungen und 7 Tabellen. 116 Seiten. 1951 . . . . . . . . . . . . . . . . . . . . . . . Bd. 1127

**Fortpflanzung im Tier- und Pflanzenreich.** Von J. Hämmerling. 2., ergänzte Auflage. Mit 101 Abbildungen. 135 Seiten. 1951 . . . . . . . . . . . . . . . . . . . . Bd. 1138

**Grundriß der allgemeinen Mikrobiologie.** Von W. Schwartz.
I: Mit 17 Abbildungen. 104 Seiten. 1949 . . . . . Bd. 1155
II: Mit 12 Abbildungen. 93 Seiten. 1949 . . . . . Bd. 1157

**Symbiose der Tiere mit pflanzlichen Mikroorganismen.** Von P. Buchner. 2., verbesserte und vermehrte Auflage. Mit 121 Abbildungen. 130 Seiten. 1949 . . . . . . . . Bd. 1128

**Entwicklungsgeschichte des Pflanzenreiches.** Von H. Heil. 2. Auflage. Mit 94 Abbildungen und 1 Tabelle. 138 Seiten. 1950 . . . . . . . . . . . . . . . . . . . . . Bd. 1137

**Morphologie der Pflanzen.** Von L. Geitler. 3. Auflage. 1953. In Vorbereitung . . . . . . . . . . . . . . . Bd. 141

**Pflanzenzüchtung.** Von H. Kuckuck. 3., völlig umgearbeitete Auflage.
I: Grundzüge der Pflanzenzüchtung. Mit 22 Abbildungen. 132 Seiten. 1952 . . . . . . . . . . . . . Bd. 1134

**Die Laubhölzer.** Kurzgefaßte Beschreibung der in Mitteleuropa gedeihenden Laubbäume und Sträucher. Von F. W. Neger und E. Münch. 3., durchgesehene Auflage. Herausgegeben von B. Huber. Mit 63 Figuren und 7 Tabellen. 143 Seiten. 1950 . . . . . . . . . . . . Bd. 718

**Die Nadelhölzer** (Koniferen und übrigen Gymnospermen). Von F. W. Neger und E. Münch. 4. Auflage, durchgesehen und ergänzt von B. Huber. Mit 75 Figuren, 4 Tabellen und 3 Karten. 140 Seiten. 1952 . . . . Bd. 355

**Das Tierreich IV/3: Insekten.** Von H. von Lengerken. Mit 58 Abbildungen. 128 Seiten. 1953 . . . . . . . . . Bd. 594

**Entwicklungsphysiologie der Tiere.** Von F. Seidel.
I: Ei und Furchung. Mit 29 Abbildungen. 126 Seiten. 1953 . . . . . . . . . . . . . . . . . . . . . . . . Bd. 1162
II: Körpergrundgestalt und Organbildung. Mit 42 Abbildungen. 159 Seiten. 1953 . . . . . . . . . . . . . . Bd. 1163

**Vergleichende Physiologie der Tiere.** Von K. Herter. 3. Auflage der „Tierphysiologie".
I: Stoff- und Energiewechsel. Mit 64 Abbildungen. 155 Seiten. 1950 . . . . . . . . . . . . . . . . . . . Bd. 972
II: Bewegung und Reizerscheinungen. Mit 110 Abbildungen. 148 Seiten. 1950 . . . . . . . . . . . . . . Bd. 973

**Landwirtschaftliche Tierzucht.** Die Züchtung und Haltung der landwirtschaftlichen Nutztiere. Von H. Vogel. Mit 11 Abbildungen. 139 Seiten. 1952 . . . . . . . . . . Bd. 228

**Kulturtechnische Bodenverbesserungen.** Von O. Fauser. 4., neubearbeitete Auflage.
I: Allgemeines, Entwässerung. Mit 47 Abbildungen. 122 Seiten. 1947 . . . . . . . . . . . . . . . . . . . Bd. 691
II: Bewässerung, Ödlandkultur, Umlegung. Mit 67 Abbildungen. 150 Seiten. 1948 . . . . . . . . . . . . . Bd. 692

**Agrikulturchemie.** Von K. Scharrer.
I: Pflanzenernährung. 143 Seiten. 1953 . . . . . . Bd. 329

## *Geologie / Mineralogie / Kristallographie*

**Kristallographie.** Von W. Bruhns und P. Ramdohr. 4. Auflage. 1953. In Vorbereitung . . . . . . . . . . . . Bd. 210

**Einführung in die Kristalloptik.** Von E. Buchwald. 4., verbesserte Auflage. Mit 121 Figuren. 138 Seiten. 1952 Bd. 619

**Lötrohrprobierkunde.** Mineraldiagnose mit Lötrohr und Tüpfelreaktion. Von M. Henglein. 3., verbesserte Auflage. Mit 11 Figuren. 91 Seiten. 1949 . . . . . . Bd. 483

**Mineral- und Erzlagerstättenkunde.** Von H. Huttenlocher. 1953. In Vorbereitung . . . . . . . . . . . Bd. 1014/1015/1015a

## *Ingenieurwissenschaften*

### *Allgemeines / Maschinenbau / Hoch- und Tiefbau Elektrotechnik / Wasserbau*

**Technische Tabellen und Formeln.** Von W. Müller. 4., verbesserte und erweiterte Auflage. Von E. Schulze. Mit 105 Figuren. 152 Seiten. 1951 . . . . . . . . . Bd. 579

**Dynamik.** Von W. Müller. 2., verbesserte Auflage.
I: Dynamik des Einzelkörpers. Mit 48 Figuren. 128 Seiten. 1952 . . . . . . . . . . . . . . . . . . . Bd. 902
II: Systeme von starren Körpern. Mit 41 Figuren. 102 Seiten. 1952 . . . . . . . . . . . . . . . . . . Bd. 903

**Technische Thermodynamik.** Von W. Nusselt.
I: Grundlagen. 3., verbesserte Auflage. Mit 71 Abbildungen. 144 Seiten. 1950 . . . . . . . . . . . . . Bd. 1084
II: Theorie der Wärmekraftmaschinen. Neudruck. Mit 87 Abbildungen und 32 Zahlentafeln. 144 Seiten. 1951 Bd. 1151

**Festigkeitslehre.** Von W. Gehler und W. Herberg.
I: Elastizität, Plastizität und Festigkeit der Baustoffe und Bauteile. Durchgesehener und erweiterter Neudruck. Mit 118 Bildern. 159 Seiten. 1952 . . . . . . . . Bd. 1144

**Technische Schwingungslehre.** Von L. Zipperer.
I: Allgemeine Schwingungs-Gleichungen, einfache Schwinger. 2., neubearbeitete Auflage. Mit 101 Abbildungen. 120 Seiten. 1953 . . . . . . . . . . . . . Bd. 953

**Metallkunde.** Einführendes über Aufbau, Eigenschaften und Untersuchung von Metallen und Legierungen sowie über Grundlagen des Schmelzens, des Gießens, des Verformens, der Wärmebehandlung, der Oberflächenbehandlung, der Verbinde- und Trennarbeiten. Von H. Borchers. 2. Auflage.
I: Aufbau der Metalle und Legierungen. Mit 2 Tabellen und 90 Abbildungen. 110 Seiten. 1950 . . . . . . . Bd. 432
II: Eigenschaften. Grundzüge der Form- und Zustandsgebung. Mit 8 Tabellen und 100 Abbildungen. 154 Seiten. 1952 . . . . . . . . . . . . . . . . . . . . Bd. 433

**Getriebelehre.** Von P. Grodzinski. 2., neubearbeitete Auflage.
I: Geometrische Grundlagen. Mit 142 Figuren. 159 Seiten. 1953 . . . . . . . . . . . . . . . . . . . . . Bd. 1061

**Die Maschinenelemente.** Von E. A. vom Ende. 2., verbesserte Auflage. Mit 173 Figuren und 12 Tafeln. 159 Seiten. 1950 . . . . . . . . . . . . . . . . . . Bd. 3

**Das Maschinenzeichnen** mit Einführung in das Konstruieren. Von W. Tochtermann. 4. Auflage.
I: Das Maschinenzeichnen. Mit 77 Tafeln. 156 Seiten. 1950 . . . . . . . . . . . . . . . . . . . . . . . . . Bd. 589
II: Ausgeführte Konstruktionsbeispiele. Mit 58 Tafeln. 130 Seiten. 1950 . . . . . . . . . . . . . . . . . . Bd. 590

**Die Dampfkessel und Feuerungen einschl. Hilfseinrichtungen** in Theorie, Konstruktion und Berechnung. Von W. Marcard †. 2. Auflage, neubearbeitet von K. Beck.
I: Die theoretischen Grundlagen. Wärme, Verbrennung, Wärmeübertragung. Mit 42 Abbildungen und 16 Tabellen. 150 Seiten. 1951 . . . . . . . . . . . . . Bd. 9
II: Dampfkessel. Mit 53 Abbildungen. 147 Seiten. 1952 Bd. 521

**Gießereitechnik.** Von H. Jungbluth.
I: Eisengießerei. Mit 44 Abbildungen. 126 Seiten. 1951 Bd. 1159

**Autogenes Schweißen und Schneiden.** Von H. Niese. 5. Auflage. Von A. Küchler. 1953. In Vorbereitung . Bd. 499

**Die wichtigsten Baustoffe des Hoch- und Tiefbaus.** Von O. Graf. 4., verbesserte Auflage. Mit 63 Abbildungen. 131 Seiten. 1953 . . . . . . . . . . . . . . . . . . Bd. 984

**Baustoffverarbeitung und Baustellenprüfung des Betons.** Von A. Kleinlogel. 2., neubearbeitete und erweiterte Auflage. Mit 35 Abbildungen. 126 Seiten. 1951 . . Bd. 978

**Grundlagen des Stahlbetonbaues.** Von A. Troche. 2., neubearbeitete und erweiterte Auflage. Mit 75 Abbildungen, 17 Bemessungstafeln und 20 Rechenbeispielen. 208 Seiten. 1953 . . . . . . . . . . . . . . . . . . . . . Bd. 1078

**Fenster, Türen, Tore** aus Holz und Eisen. Eine Anleitung zu ihrer guten Gestaltung, wirtschaftlichen Bemessung und handwerksgerechten Konstruktion. Von W. Wickop. 3., überarbeitete und ergänzte Auflage. Mit 96 Abbildungen. 154 Seiten. 1949 . . . . . . . . . . . . . . Bd. 1092

**Heizung und Lüftung.** Von J. und W. Körting. 8. neubearbeitete Auflage.
I: Das Wesen und die Berechnung der Heizungs- und Lüftungsanlagen. Mit 29 Abbildungen und 18 Zahlentafeln. 140 Seiten. 1951 . . . . . . . . . . . . . . Bd. 342
II: Die Ausführung der Heizungs- und Lüftungsanlagen. 1953. In Vorbereitung . . . . . . . . . . . . . . Bd. 343

**Die Gleichstrommaschine.** Von K. Humburg. Durchgesehener Neudruck.
I: Mit 59 Abbildungen. 102 Seiten. 1949 . . . . . Bd. 257
II: Mit 38 Abbildungen. 98 Seiten. 1949 . . . . . Bd. 881

**Die synchrone Maschine.** Von K. Humburg. Neudruck. Mit 78 Bildern. 109 Seiten. 1951 . . . . . . . . . . Bd. 1146

**Transformatoren.** Von W. Schäfer. 2. Auflage. Mit 74 Abbildungen. 128 Seiten. 1949 . . . . . . . . . . . . Bd. 952

**Die komplexe Berechnung von Wechselstromschaltungen.** Von H. K. Meinke. Mit 114 Abbildungen. 160 Seiten. 1949 . . . . . . . . . . . . . . . . . . . . . . Bd. 1156

**Theoretische Grundlagen zur Berechnung der Schaltgeräte.** Von F. Kesselring. 3. Auflage. Mit 92 Abbildungen. 144 Seiten. 1950 . . . . . . . . . . . . . . . . . . . Bd. 711

**Elektromotorische Antriebe** (Grundlagen für die Berechnung) Von A. Schwaiger. 3., neubearbeitete Auflage. Mit 34 Abbildungen. 96 Seiten. 1952 . . . . . . . Bd. 827

**Überspannungen und Überspannungsschutz.** Von G. Frühauf. Durchgesehener Neudruck. Mit 98 Abbildungen. 122 Seiten. 1950 . . . . . . . . . . . . . . . . . . Bd. 1132

**Talsperren.** Von F. Tölke. Mit 70 Abbildungen. 122 Seiten. 1953 . . . . . . . . . . . . . . . . . . . . . . . . Bd. 1044

**Verkehrswasserbau.** Von H. Dehnert.
I: Entwurfsgrundlagen, Flußregelungen. Mit 52 Textabbildungen. 103 Seiten. 1950 . . . . . . . . . . Bd. 585
II: Flußkanalisierungen und Schiffahrtskunde. Mit 60 Textabbildungen. 94 Seiten. 1950. . . . . . . . Bd. 597
III: Schleusen und Hebewerke. Mit 70 Textabbildungen. 98 Seiten. 1950 . . . . . . . . . . . . . Bd. 1152

**Wehr- und Stauanlagen.** Von H. Dehnert. Mit 90 Textabbildungen. 134 Seiten. 1952 . . . . . . . . . . Bd. 965

# Geisteswissenschaften

## *Philosophie / Psychologie*

**Einführung in die Philosophie.** Von H. Leisegang. 145 Seiten. 1951 . . . . . . . . . . . . . . . . . . . . . . Bd. 281

**Hauptprobleme der Philosophie.** Von G. Simmel. 7., unveränderte Auflage. 177 Seiten. 1950 . . . . . . . . Bd. 500

**Erkenntnistheorie.** Von G. Kropp.
I: Allgemeine Grundlegung. 143 Seiten. 1950 . . . . Bd. 807

**Geschichte der Philosophie. I.** Die griechische Philosophie. 1. Teil: Von Thales bis Leukippos. Von W. Capelle. 2., erweiterte Auflage. 135 Seiten. 1953 . . . . . . . . . Bd. 857

**Geschichte der Philosophie. II.** Die griechische Philosophie. 2. Teil: Von der Sophistik bis zum Tode Platons. Von W. Capelle. 2., stark erweiterte Auflage. 144 Seiten. 1953 . . . . . . . . . . . . . . . . . . . . . . . . Bd. 858

**Geschichte der Philosophie. VIII.** Die Philosophie des 19. Jahrhunderts I. Von G. Lehmann. 151 Seiten. 1953. Bd. 571

**Geschichte der Philosophie. IX.** Die Philosophie des 19. Jahrhunderts II. Von G. Lehmann. 168 Seiten. 1953 . . . . . . . . . . . . . . . . . . . . . . . . Bd. 709

**Die geistige Situation der Zeit (1931).** Von K. Jaspers. 3., unveränderter Abdruck der im Sommer 1932 bearbeiteten 5. Auflage. 211 Seiten. 1953 . . . . . . . . . . Bd. 1000

**Philosophisches Wörterbuch.** Von M. Apel. 4., unveränderte Auflage. 260 Seiten. 1953 . . . . . . . . . . Bd. 1031

**Therapeutische Psychologie.** Freud-Adler-Jung. Von W. M. Kranefeldt. Mit einer Einfuhrung von C. G. Jung. 2. Auflage. 152 Seiten. 1950. . . . . . . . . . . . Bd. 1034

## *Religionswissenschaften*

**Jesus.** Von M. Dibelius †. 2. Auflage. Unveränderter Neudruck. 137 Seiten. 1949 . . . . . . . . . . . . . . Bd. 1130

**Paulus.** Von M. Dibelius †. Nach dem Tode des Verfassers herausgegeben und zu Ende gefuhrt von W. G. Kummel. 155 Seiten. 1951 . . . . . . . . . . . . . . . . . . Bd. 1160

## *Musik / Kunst*

**Musikästhetik.** Von H. J. Moser. 180 Seiten. 1953. . . Bd. 344

**Systematische Modulation.** Von R. Hernried. 2. Auflage. 136 Seiten. 1950 . . . . . . . . . . . . . . . . . . Bd. 1094

**Der polyphone Satz.**
I: Der cantus-firmus-Satz. Von E. Pepping. 2. Auflage. 223 Seiten. 1950 . . . . . . . . . . . . . . . . . . Bd. 1148

**Die Musik des 19. Jahrhunderts.** Von W. Oehlmann. 1953. In Vorbereitung. . . . . . . . . . . . . . . . . . . Bd. 170

**Stilkunde.** Von H. Weigert. 2. Auflage.
I: Vorzeit, Antike, Mittelalter. 1953. In Vorbeitung Bd. 80
II: Spätmittelalter und Neuzeit. 1953. In Vorbeitung Bd. 781

**Die Kunst des Dirigierens.** Von H. W. Sartorius von Waltershausen. 2. Auflage. 1953. In Vorbereitung . . Bd. 1147

## *Geschichte*

### *Allgemeines / Vor- und Frühgeschichte / Altertum Mittelalter und Neuzeit / Kulturgeschichte*

**Einführung in die Geschichtswissenschaft.** Von P. Kirn. 2. Auflage. 121 Seiten. 1952. . . . . . . . . . . Bd. 270

**Kultur der Urzeit.** Von F. Behn. 4. Auflage der „Kultur der Urzeit" Band I–III. Von M. Hoernes.
I: Die vormetallischen Kulturen. (Die Steinzeiten Europas. Gleichartige Kulturen in anderen Erdteilen) Mit 48 Abbildungen. 172 Seiten. 1950 . . . . . . . Bd. 564
II: Die älteren Metallkulturen. (Der Beginn der Metallbenutzung. Kupfer- und Bronzezeit in Europa, im Orient und in Amerika) Mit 67 Abbildungen. 160 Seiten. 1950 Bd. 565
III: Die jüngeren Metallkulturen. (Das Eisen als Kulturmetall. Hallstatt-Latène-Kultur in Europa. Das erste Auftreten des Eisens in den anderen Erdteilen.) Mit 60 Abbildungen. 149 Seiten. 1950 . . . . . . . . . . Bd. 566

**Vorgeschichte Europas.** Von F. Behn. Völlig neue Bearbeitung der 7. Auflage der „Urgeschichte der Menschheit" von M. Hoernes. Mit 47 Abbildungen. 125 Seiten. 1949 Bd. 42

**Archäologie.** Von A. Rumpf.
I: Einleitung, historischer Überblick. Mit 6 Abbildungen im Text und 12 Tafeln. 143 Seiten. 1953 . . . . . Bd. 538

**Zeitrechnung der römischen Kaiserzeit, des Mittelalters und der Neuzeit.** Für die Jahre 1 bis 2000 n. Chr. Von H. Lietzmann. 2. Auflage. Von A. Hofmeister. 1953. In Vorbereitung. . . . . . . . . . . . . . . . . . . . . Bd. 1085

**Quellenkunde der deutschen Geschichte im Mittelalter** (bis zur Mitte des 15. Jahrhunderts). Von K. Jacob.
I: Einleitung, allgemeiner Teil. Die Zeit der Karolinger. 5. Auflage. 118 Seiten. 1949. . . . . . . . . . . . Bd. 279
II: Die Kaiserzeit (911-1250) 4. Auflage. 127 Seiten. 1949 . . . . . . . . . . . . . . . . . . . . . . . . Bd. 280
III: Das Spätmittelalter (vom Interregnum bis 1500). Unter Verwertung der Hinterlassenschaft herausgegeben von F. Weden. 152 Seiten. 1952 . . . . . . . . . . Bd. 284

**Von den Karolingern zu den Staufern.** Die altdeutsche Kaiserzeit (900–1250). Von J. Haller. 3. Auflage. Mit 4 Karten. 141 Seiten. 1944 . . . . . . . . . . . . . Bd. 1065

**Deutsche Geschichte im Zeitalter der Reformation,** der Gegenreformation und des 30jährigen Krieges. Von F. Hartung. 129 Seiten. 1951. . . . . . . . . . . . Bd. 1105

**Geschichte Englands.** Von H. Preller.
I: bis 1815. 3., stark umgearbeitete Auflage. 135 Seiten. Mit 7 Stammtafeln und 2 Karten im Text. 1952 . . Bd. 375

## *Sprach- und Literaturwissenschaften*

### *Indogermanisch / Germanisch*

**Gotisches Elementarbuch.** Grammatik, Texte mit Übersetzung und Erläuterungen. Mit einer Einleitung von H. Hempel. 2., umgearbeitete Auflage. 165 Seiten. 1953 . . . . . . . . . . . . . . . . . . . . . . . . Bd. 79

**Indogermanische Sprachwissenschaft.** Von H. Krahe. 2. Auflage. 134 Seiten. 1948. . . . . . . . . . . . . Bd. 59

**Germanische Sprachwissenschaft.** Von H. Krahe. 2. Auflage.
I: Einleitung und Lautlehre. 127 Seiten. 1948 . . Bd. 238
II: Formenlehre. 140 Seiten. 1948 . . . . . . . . . . Bd. 780

**Althochdeutsches Elementarbuch.** Von Naumann-Beetz. 1953. In Vorbereitung . . . . . . . . . . . . . . . Bd. 1111

**Altnordisches Elementarbuch.** Schrifttum, Sprache, Texte mit Übersetzung und Wörterbuch. Von F. Ranke. 2., durchgesehene Auflage. 146 Seiten. 1949 . . . . Bd. 1115

## *Deutsche Sprache und Literatur*

**Deutsches Rechtschreibungswörterbuch.** Von M. Gottschald. Etwa 17 Bogen. 1953. In Vorbeitung . . Bd. 200/200a

**Deutsche Wortkunde.** Eine kulturgeschichtliche Betrachtung des deutschen Wortschatzes. Von A. Schirmer. 3., durchgesehene Auflage. 109 Seiten. 1949 . . . . Bd. 929

**Deutsches Dichten und Denken** von der germanischen bis zur staufischen Zeit (Deutsche Literaturgeschichte vom 5. bis 13. Jahrhundert). Von H. Naumann. 2., verbesserte Auflage. 166 Seiten. 1952 . . . . . . . . . Bd. 1121

**Deutsches Dichten und Denken vom Mittelalter zur Neuzeit.** (1270 bis 1700). Von G. Müller. 2., durchgesehene Auflage. 159 Seiten. 1949 . . . . . . . . . . . . Bd. 1086

**Deutsches Dichten und Denken von der Aufklärung bis zum Realismus** (Deutsche Literaturgeschichte von 1700 bis 1890). Von K. Viëtor. 2., durchgesehene Auflage. 156 Seiten. 1949 . . . . . . . . . . . . . . . . . . Bd. 1096

**Deutsche Sprachlehre.** Von W. Hofstaetter. 9., neubearbeitete Auflage von G. Spree. 144 Seiten. 1953 . . . Bd. 20

**Sprechen und Sprachpflege.** (Die Kunst des Sprechens.) Von H. Feist. 2., verbesserte Auflage. Mit 25 Abbildungen. 99 Seiten. 1952 . . . . . . . . . . . . . . Bd. 1122

**Der Nibelunge Nôt** in Auswahl mit kurzem Wörterbuch herausgegeben von K. Langosch. 9., umgearbeitete Auflage. 164 Seiten. 1953 . . . . . . . . . . . . Bd. 1

## *Englische Sprache / Romanische Sprache und Literatur*

**Altenglisches Elementarbuch.** Einführung, Grammatik, Texte mit Übersetzung und Wörterbuch. Von M. Lehnert. 2., verbesserte und vermehrte Auflage. 176 Seiten. 1950 . . . . . . . . . . . . . . . . . . . . . . . Bd. 1125

**Beowulf.** Eine Auswahl mit Einführung, teilweiser Übersetzung, Anmerkungen und etymologischem Wörterbuch. Von M. Lehnert. 2., verbesserte Auflage. 135 Seiten. 1949 . . . . . . . . . . . . . . . . . . . . Bd. 1135

**Englische Literaturgeschichte.** Von F. Schubel.
I: Die alt- und mittelenglische Periode. 1953. In Vorbereitung . . . . . . . . . . . . . . . . . . . . Bd. 1114

**Italienische Literaturgeschichte.** Von K. Voßler. Unveränderter Nachdruck der 1927 erschienenen 4., durchgesehenen und verbesserten Auflage. 148 Seiten. 1948 Bd. 125

## *Griechisch / Lateinisch*

**Griechische Sprachwissenschaft.** Von W. Brandenstein. 1953. In Vorbereitung . . . . . . . . . . . . . . . . Bd. 117

**Geschichte der griechischen Sprache.** Von O. Hoffmann. 3., umgearbeitete Auflage von A. Debrunner.
I: bis zum Ausgang der klassischen Zeit. 1953. In Vorbereitung . . . . . . . . . . . . . . . . . . . . . . Bd. 111

**Geschichte der griechischen Literatur.** Von W. Nestle. 2., verbesserte Auflage.
I: Von den Anfängen bis auf Alexander d. Gr. 148 Seiten. 1950 . . . . . . . . . . . . . . . . . . . . . . Bd. 70
II: Von Alexander d. Gr. bis zum Ausgang der Antike. 128 Seiten. 1945 . . . . . . . . . . . . . . . . . . Bd. 557

**Geschichte der lateinischen Sprache.** Von F. Stolz. 3., stark umgearbeitete Auflage von A. Debrunner. 136 Seiten. 1953 . . . . . . . . . . . . . . . . . . . . . . Bd. 492

## *Orientalia / Russisch*

**Sanskrit-Grammatik.** Von M. Mayrhofer. 89 Seiten. 1953 Bd. 1158

**Hebräische Grammatik.** Von G. Beer. 2., völlig neubearbeitete Auflage von R. Meyer.
I: Schrift-, Laut- und Formenlehre I. 157 Seiten. 1952 Bd. 763/763a
II: Schrift-, Laut- und Formenlehre II. 1953. In Vorbereitung . . . . . . . . . . . . . . . . . . . . . . Bd. 764/764a

**Russische Grammatik.** Von E. Berneker. 6., unveränderte Auflage von M. Vasmer. 155 Seiten. 1947 . . . . . . Bd. 66

## *Erd- und Länderkunde*

**Afrika.** Von F. Jaeger. 2. Auflage.
I: Physische Erdkunde. 1953. In Vorbereitung. . . Bd. 910
II: Geographie des Menschen und seiner Kultur. 1953. In Vorbeitung . . . . . . . . . . . . . . . . . . . Bd. 911

**Australien und Ozeanien.** Von H.-J. Krug. Mit 46 Skizzen. 176 Seiten. 1953 . . . . . . . . . . . . . . . . . . Bd. 319

**Kartenkunde.** Von M. Eckert-Greifendorff. Durchgesehen von W. Kleffner. 3. Auflage. Mit 63 Abbildungen. 149 Seiten. 1950 . . . . . . . . . . . . . . . . . . Bd. 30

## *Wirtschaftswissenschaften / Gesellschaftskunde*

**Allgemeine Betriebswirtschaftslehre.** Von K. Mellerowicz. 7., veränderte Auflage.
I: 142 Seiten. 1952 . . . . . . . . . . . . . . . . Bd. 1008
II: 112 Seiten. 1952 . . . . . . . . . . . . . . . . Bd. 1153
III: 143 Seiten. 1952 . . . . . . . . . . . . . . . . Bd. 1154

**Soziologie.** Geschichte und Hauptprobleme. Von L. von Wiese. 4. Auflage. 151 Seiten. 1950 . . . . . . . . . Bd. 101

## Sammlung Göschen / Bandnummernfolge

1 Langosch, Der Nibelunge Nôt
3 vom Ende, Die Maschinenelemente
9 Marcard-Beck, Die Dampfkessel I
20 Hofstaetter, Deutsche Sprachlehre
30 Kleffner, Kartenkunde
37 Klemm, Anorganische Chemie
42 Behn, Vorgeschichte Europas
51 Bürklen-Ringleb, Mathematische Formelsammlung
59 Krahe, Indogermanische Sprachwissenschaft
66 Berneker-Vasmer, Russische Grammatik
70 Nestle, Griechische Literaturgeschichte I
79 Hempel, Gotisches Elementarbuch
80 Weigert, Stilkunde I
87 Witting, Differentialrechnung
88 Integralrechnung
101 von Wiese, Soziologie
111 Hoffmann-Debrunner, Gesch. d. griech. Sprache I
117 Brandenstein, Griechische Sprachwissenschaft
125 Vossler, Italienische Literaturgeschichte
136 Mahler, Physikalische Formelsammlung
141 Geitler, Morphologie der Pflanzen
142 Haussner, Darstellende Geometrie I
143 Haussner, Darstellende Geometrie II
146 Witting, Repetitorium und Aufgabensammlung zur Diff.-Rechn.
147 Witting, Repetitorium und Aufgabensammlung z. Integralrechn.
170 Oehlmann, Musik des 19. Jahrhunderts
180 Böhm, Versicherungsmathematik I
200/200a Gottschald, Deutsches Rechtschreibungs-Wörterbuch
210 Bruhns-Ramdohr, Kristallographie
221 Jander-Jahr, Maßanalyse I
222 Hassak-Beutel, Warenkunde I
223 Hassak-Beutel, Warenkunde II
226 Hofmann, Geschichte der Mathematik I
228 Vogel, Landwirtschaftliche Tierzucht
238 Krahe, Germanische Sprachwissenschaft I
243 Mahler, Physikalische Aufgabensammlung
247 Hoppe, Analytische Chemie I
248 Hoppe, Analytische Chemie II
252 Dassler, Elektrochemie I
253 Dassler, Elektrochemie II
256 Haussner, Aufgabensammlung zur analyt. Geometrie der Ebene
257 Humburg, Die Gleichstrommaschine I
264 Lockemann, Geschichte der Chemie I

270 Kirn, Einführung in die Geschichtswissenschaft
279 Jacob, Quellenkunde der deutschen Geschichte I
280 Jacob, Quellenkunde der deutschen Geschichte II
281 Leisegang, Einführung in die Philosophie
284 Jacob-Weden, Quellenkunde der deutschen Geschichte III
319 Krug, Australien und Ozeanien
329 Scharrer, Agrikulturchemie I
335 Braun-Klug, Die Fette und Öle
336 Braun-Klug, Seifenfabrikation
342 Körting, Heizung und Lüftung I
343 Körting, Heizung und Lüftung II
344 Moser, Musikaesthetik
354 Valentiner, Vektoranalysis
355 Neger-Münch, Die Nadelhölzer
375 Preller, Geschichte Englands
423 Adler, Fünfstellige Logarithmen
432 Borchers, Metallkunde I
433 Borchers, Metallkunde II
445 Asmus, Physikalisch-chemische Rechenaufgaben
452 Bahrdt-Scheer, Stöchiometrische Aufgabensammlung
468 Werkmeister, Vermessungskunde I
469 Werkmeister, Vermessungskunde II
483 Henglein, Lötrohrprobierkunde
492 Stolz-Debrunner, Geschichte der lateinischen Sprache
499 Niese, Autogenes Schweißen
500 Simmel, Hauptprobleme der Philosophie
521 Marcard-Beck, Dampfkessel und Feuerungen II
538 Rumpf, Archäologie I
557 Nestle, Griechische Literaturgeschichte II
564 Behn, Kultur der Urzeit I
565 Behn, Kultur der Urzeit II
566 Behn, Kultur der Urzeit III
571 Lehmann, Philosophie des 19. Jahrhunderts I
579 Müller, Technische Tabellen
585 Dehnert, Verkehrswasserbau I
589 Tochtermann, Das Maschinenzeichnen I
590 Tochtermann, Das Maschinenzeichnen II
594 Lengerken, Tierreich IV/3: Insekten
597 Dehnert, Verkehrswasserbau II
619 Buchwald, Kristalloptik
668 Knopp, Funktionentheorie I
691 Fauser, Kulturtechnische Bodenverbesserungen I
692 Fauser, Kulturtechnische Bodenverbesserungen II
698 Schulze, Allgemeine und physikalische Chemie II
703 Knopp, Funktionentheorie II
709 Lehmann, Philosophie des 19. Jahrhunderts II
711 Kesselring, Elektrische Schaltgeräte I
718 Neger-Münch, Die Laubhölzer
763/63a Beer-Meyer, Hebräische Grammatik I
764/64a Beer-Meyer, Hebräische Grammatik II
768 Bieberbach, Einführung in die konforme Abbildung
780 Krahe, Germanische Sprachwissenschaft II
781 Weigert, Stilkunde II
807 Kropp, Erkenntnistheorie I
827 Schwaiger, Elektromotorische Antriebe
837 Baumgartner, Gruppentheorie
857 Capelle, Griechische Philosophie I
858 Capelle, Griechische Philosophie II
862 Werkmeister, Vermessungskunde III

877 Knopp, Aufgabensammlung zur Funktionentheorie I
878 Knopp, Aufgabensammlung zur Funktionentheorie II
881 Humburg, Die Gleichstrommaschine II
902 Müller, Dynamik I
903 Müller, Dynamik II
910 Jaeger, Afrika I
911 Jaeger, Afrika II
917/17a Böhm, Versicherungsmathematik II
920 Hoheisel, Gewöhnliche Differentialgleichungen
929 Schirmer, Deutsche Wortkunde
930 Krull, Elementare und klassische Algebra I
931 Hasse, Höhere Algebra I
932 Hasse, Höhere Algebra II
952 Schäfer, Transformatoren
953 Zipperer, Technische Schwingungslehre
965 Dehnert, Wehr- und Stauanlagen
970 Baldus, Nichteuklidische Geometrie
972 Herter, Tierphysiologie I
973 Herter, Tierphysiologie II
978 Kleinlogel, Baustoffverarbeitung und Baustellenprüf. des Betons
984 Graf, Die wichtigsten Baustoffe des Hoch- und Tiefbaues
1000 Jaspers, Geistige Situation der Zeit
1002 Jander-Jahr, Maßanalyse II
1003 Hoheisel, Partielle Differentialgleichungen
1008 Mellerowicz, Allgemeine Betriebswirtschaftslehre I
1014 Huttenlocher, Mineral- und Erzlagerstättenkunde I
1015/15a Huttenlocher, Mineral- und Erzlagerstättenkunde II/III
1031 Apel, Philosophisches Wörterbuch
1034 Kranefeldt, Therapeutische Physiologie
1044 Tölke, Talsperren
1057 Roth, Thermochemie
1059 Hoheisel, Aufgabensamml. zu den gew. u. partiellen Diff.-Gleich.
1061 Grodzinski, Getriebelehre I
1065 Haller, Von den Karolingern zu den Staufern
1070 Sauter, Differentialgleichungen der Physik
1078 Troche, Stahlbetonbau
1082 Hasse, Aufgabensammlung zur Höheren Algebra
1084 Nusselt, Technische Thermodynamik I
1085 Lietzmann, Zeitrechnung
1086 Müller, Deutsches Dichten u. Denken vom Mittelalter zur Neuzeit
1092 Wickop, Fenster, Türen, Tore
1094 Hernried, Systematische Modulation
1096 Viëtor, Deutsches Dichten und Denken v. d. Aufkl. b. z. Realism.
1105 Hartung, Deutsche Geschichte der Neuzeit I
1109 Knopp, Elemente der Funktionentheorie
1111 Naumann-Beetz, Althochdeutsches Elementarbuch
1114 Schubel, Englische Literaturgeschichte I
1115 Ranke, Altnordisches Elementarbuch
1116 Meissner, Englische Literaturgeschichte II
1121 Naumann, Deutsches Dichten und Denken I
1122 Feist, Sprechen und Sprachpflege
1123 Bechert-Gehrtsen, Atomphysik III
1124 Meissner, Englische Literaturgeschichte III
1125 Lehnert, Altenglisches Elementarbuch
1127 Hartmann, Geschlecht und Geschlechtsbestimmung im Tier- und Pflanzenreich
1128 Buchner, Symbiose der Tiere mit pflanzlichen Mikroorganismen
1130 Dibelius, Jesus
1132 Frühauf, Überspannungen und Überspannungsschutz

1134 Kuckuck, Pflanzenzüchtung
1135 Lehnert, Beowulf
1136 Meissner, Englische Literaturgeschichte IV
1137 Heil, Entwicklungsgeschichte des Tier- und Pflanzenreichs
1138 Hämmerling, Fortpflanzung im Tier- und Pflanzenreich
1141 Koller, Hormone
1144 Gehler, Festigkeitslehre I
1146 Humburg, Die synchrone Maschine
1147 Sartorius von Waltershausen, Kunst des Dirigierens
1148 Pepping, Der polyphone Satz I
1151 Nusselt, Technische Thermodynamik II
1152 Dehnert, Verkehrswasserbau III
1153 Mellerowicz, Allgemeine Betriebswirtschaftslehre II
1154 Mellerowicz, Allgemeine Betriebswirtschaftslehre III
1155 Schwartz, Mikrobiologie I
1156 Meinke, Komplexe Berechn. der Wechselstromschaltungen
1157 Schwartz, Mikrobiologie II
1158 Mayrhofer, Sanskrit-Grammatik
1159 Jungbluth, Gießereitechnik I
1160 Dibelius-Kümmel, Paulus
1162 Seidel, Entwicklungsphysiologie der Tiere I
1163 Seidel, Entwicklungsphysiologie der Tiere II

---

*Auf Wunsch versenden wir*

**kostenlos**

*unsere Auswahlverzeichnisse:*

**Allgemeine Geisteswissenschaften.** 32 Seiten. Stand Juni 1953
**Mathematik.** 17 Seiten. Stand August 1953
**Medizin.** 24 Seiten. Stand Mai 1953
**Naturwissenschaften.** 32 Seiten. Stand Mai 1953
**Rechtswissenschaften.** 40 Seiten. Stand Mai 1953
**Sprach- und Literaturwissenschaften / Geschichte.** 32 Seiten. Stand Juni 1953
**Technik.** 32 Seiten. Stand Juni 1953
**Theologie.** 33 Seiten. Stand August 1953

## BERICHTIGUNG

Seite 69, Zeilen 6 bis 4 von unten:

Kurzschlußmotoren eignen sich für Gegenstrombremsung nur mit Wirbelstromläufern, weil deren Widerstand bei gewöhnlichem Lauf klein, bei Gegenlauf groß ist.

## BERICHTIGUNG

Seite 69, Zeilen 6 bis 4 von unten:

Kurzschlußmotoren eignen sich für Gegenstrombremsung nur mit Wirbelstromläufern, weil deren Widerstand bei gewöhnlichem Lauf klein, bei Gegenlauf groß ist.

## BERICHTIGUNG

Seite 69, Zeilen 6 bis 4 von unten:

Kurzschlußmotoren eignen sich für Gegenstrombremsung nur mit Wirbelstromläufern, weil deren Widerstand bei gewöhnlichem Lauf klein, bei Gegenlauf groß ist.

## BERICHTIGUNG

Seite 69, Zeilen 6 bis 4 von unten:

Kurzschlußmotoren eignen sich für Gegenstrombremsung nur mit Wirbelstromläufern, weil deren Widerstand bei gewöhnlichem Lauf klein, bei Gegenlauf groß ist.

FSC
www.fsc.org
MIX
Papier | Fördert
gute Waldnutzung
FSC® C083411

Zeitfracht Medien GmbH
Ferdinand-Jühlke-Straße 7
99095 Erfurt, Deutschland
produktsicherheit@kolibri360.de